개념연결 연산의 **발견**

7권

초등
4학년

— "엄마, 고마워!"라는 말을 듣게 될 줄이야! —

모든 아이들은 공부를 잘하고 싶어 한다. 부모가 아이의 잘하고 싶은 마음에 대해 믿음을 가지고 도와주는 것이 중요하다. 무작정 이것저것 많이 시켜 부담을 주는 것이 아니라 부모가 내 공부를 도와주고 있다는 마음이 전해지면 아이는 신이 나서 공부를 한다. 수학 공부에 있어서는 꼼꼼하게 비교해 좋은 문제집을 추천해주는 것이 바로 그 마음이 될 것이다. 『개념연결 연산의 발견』을 가까운 초등 부모들에게 미리 주어 아이들이 풀어보도록 했다. 많은 부모들이 아이가 문제 푸는 재미에 푹 빠졌다고 했으며, 문제뿐만 아니라 친절한 개념 설명과 고학년까지 연결되는 개념의 연결에 열광했다. 아이들이 겪게 되는 수학 공부의 어려움을 꿰뚫고 있는 국내 최고의 수학교육 전문가와 현직 교사들의 합작품답다. 아이의 수학 때문에 고민하는 부모들에게 자신 있게 추천한다. 이 책은 마지못해 억지로 하는 공부가 아니라 자발적으로 자신의 문제를 해결해가는 성취감을 맛보게 해줄 것이다. "엄마 덕분에 수학에 자신감이 생겼어요!" 이렇게 말하는 아이의 모습이 그려진다.

박재원(사람과교육연구소 부모연구소장)

연산을 새롭게 발견하다!

잘못된 연산 학습이 아이를 망친다

아이의 수학 공부 때문에 골치 아파하는 초등 부모님을 많이 만났습니다. "이러다 '수포자'가 되면 어떡하나요?" 하고 물어 오는 부모님을 만날 때마다 수학의 본질이 무엇인지, 장차 우리 아이들이 초등 시절을 지나 중·고등학생이 되었을 때 수학 공부가 재미있고 고통이지 않으려면 어떻게 해야 하는지, 근본적인 고민을 반복했습니다. 30여 년 중·고등학교에서 수학을 가르치며 아이들에게 초등수학 개념이 많이 부족함을 느꼈고, 초등학교 때의 결손이 중·고등학교를 거치며 눈덩이처럼 커지는 것을 목도했습니다. 아이러니하게도 중·고등학교 현장을 떠난 후에야 초등수학을 제대로 공부할 기회가 생겼고, 학생들의 수학 공부법을 비로소 정립할 수 있어 정말 행복했습니다. 그러나 기쁨도 잠시, 초등 부모님들의 고민은 수학의 본질이 아니라 눈앞의 점수라는 사실을 알게 되었습니다. 결국 연산이었지요. 연산이 수학의 기초임은 두말할 나위 없는 사실인데, 오히려 수학 공부에 장해가 될 줄은 꿈에도 생각지 못했습니다. 초등수학 교과서를 독파하고도 깨닫지 못한 현실을 시중에 유행하는 연산 학습법이 알려주었습니다. 교과서는 연산의 정확성과 다양성을 추구합니다. 그리고 이것이 연산 학습의 본질입니다. 그런데 시중의 연산 학습지 대부분은 정확성과 다양성보다 빠른 계산 속도와 무지막지한 암기를 유도합니다. 그리고 상당수 부모님이 이것을 받아들여 아이들을 속도와 암기에 몰아넣습니다.

좌절감과 열등감을 낳는 연산 학습

속도와 암기는 점수를 높여줄 수 있다는 장점을 갖지만, 그보다 많은 부작용을 안고 있습니다. 빠른 계산 속도에 대한 집착은 아이에게 좌절감과 열등감을 줍니다. 본인의 계산 속도라는 것이 있는데 이를 무시하고 가장 빠른 아이의 속도에 맞추기만 하면 무한의 속도 경쟁에서 실패자가 되기 쉽습니다. 자기 속도에 맞지 않으면 자기주도가 될 수 없으니 타율 학습이 됩니다. 한쪽으로 자기주도학습을 강조하면서 연산 학습에서는 타율 학습을 강요하면 아이들의 '자기주도'는 점점 멀어질 수밖에 없습니다. 또 무조건적인 암기는 이해를 동반하지 않으므로 아이들이 수학을 암기 과목으로 여기게 만들고, 이 때문에 많은 아이가 중·고등학교에 올라가 수학을 싫어하게 됩니다. 아이들은 연산 공부와 여타의 수학 공부를 달리 보지 못합니다. 연산을 공부할 때처럼 모든 수학 공부를 무조건적인 암기와 빠른 시간 안에 답을 맞혀야 한다고 생각합니다. 이러한 생각은 중·고등학교를 넘어 평생 갑니다. 그래서 성인이 된 뒤에도 자신의 자녀들에게 이런 식의 연산 학습을 시키는 데 주저하지 않게 됩니다.

수학이 좋아지는 연산 학습을 개발하다

이 두 가지 부작용을 해결하기 위해 많은 부모님을 설득했지만 대안이 없었습니다. 부모님 스스로 해결하는 경우가 드물었습니다. 갈수록 피해가 커지는 현상을 막아야겠다고 결심했습니다. 그래서 현직 초등 교사들과 의논하고 이들을 설득해 초등 연산 학습을 정리하고 그 결과를 책으로 내게 되었습니다. 교사들이 나서서 연산 학습을 주도한다는 비난을 극복하고 연산을 새롭게 발견하는 기회를 제공해야 한다는 일념으로 이 책을 만들었습니다. 우리 아이가 처음으로 접하는 수학인 연산은 즐거워야 합니다. 아이를 사랑하는 마음으로 제대로 된 연산 문제집을 만들어보자고 했을 때 흔쾌히 따라준 개념연산팀 선생님들에게 감사드립니다. 지난 4년여 동안 휴일과 방학을 반납하고 학생들의 연산 학습 실태 조사, 회의와 세미나, 집필 등에 온 힘을 쏟아주셨습니다. 그리고 먼저 문제를 풀어보고 다양한 의견을 주신 박재원 소장님과 부모님들께 감사의 말씀을 전합니다.

전국수학교사모임 개념연산팀을 대표하여

최수일 씀

연산의 발견은 이런 책입니다!

❶ 개념의 연결을 통해 연산을 정복한다

기존 문제집들이 문제 풀이 중심인 반면, 『개념연결 연산의 발견』은 관련 개념의 연결과 핵심적인 개념 설명으로 시작합니다. 해당 문제가 이해되지 않으면 전 단계의 문제를 다시 풀고, 확장된 내용이 궁금하면 다음 단계 개념에 해당하는 문제를 바로 풀어볼 수 있는 장치입니다. 스스로 부족한 부분이 어디인지 쉽게 발견하여 자기주도적으로 복습 혹은 예습을 할 수 있습니다. 개념연결을 통해 고학년이 되어서도 결코 무너지지 않는 수학의 기초 체력을 키울 수 있습니다. 연산을 구조화시켜 생각하게 만드는 개념연결은 1~6학년 연산 개념연결 지도를 통해 한눈에 확인할 수 있습니다. 연산을 공부할 때부터 개념의 연결을 경험하면 수학 전체를 공부할 때도 개념을 연결하는 습관을 가질 수 있습니다.

❷ 현직 교사들이 집필한 최초의 연산 문제집

시중의 문제집들과 달리, 30여 년간 수학교사로 근무하고 수학교육의 혁신을 위해 시민단체에서 활동하고 있는 최수일 박사를 팀장으로, 수학교육 석·박사급 현직 교사들이 중심이 되어 집필한 최초의 연산 문제집입니다. 교육 경험이 도합 80년 이상 되는 현직 교사들의 현장감과 전문성을 살려 문제를 풀며 저절로 개념을 연결시키는 연산 프로그램을 만들었습니다. '빨리 그리고 많이'가 아닌 '제대로 그리고 최소한'으로 최대의 효과를 얻고자 했습니다. 내용의 업그레이드뿐 아니라 형식에서도 현직 교사들의 경험을 반영해 세세한 부분까지 기존 문제집의 부족한 부분을 개선했습니다. 눈의 피로와 지우개질까지 생각해 연한 미색의 질긴 종이를 사용한 것이 좋은 예가 될 것입니다.

❸ 설명하지 못하면 모르는 것이다 -선생님놀이

아이들은 연산에서 실수가 잦습니다. 반복된 연산 훈련으로 개념을 이해하지 못하고 유형별, 기계적으로 문제를 마주하기 때문입니다. 연산 실수는 훈련으로 극복되기도 하지만 이는 근본적인 해법이 아닙니다. 답이 맞으면 대개 이해했다고 생각하며 넘어가는데, 조금 지나면 도로 아미타불인 경우가 많습니다. 답이 맞았다고 해도 풀이 과정을 말로 설명하지 못하면 개념을 이해하지 못한 것입니다. 그래서 아이가 부모님이나 친구 등에게 설명을 하는 문제를 실었습니다. 아이의 설명을 잘 들어보고 답지의 해설과 대조해보면 아이가 문제를 얼마만큼 이해했는지 알 수 있습니다.

❹ 문제를 직접 써보는 것이 중요하다 -필산 문제

개념을 완벽하게 이해하기 위해 손으로 직접 써보는 문제를 배치했습니다. 필산은 계산의 경로가 기록되기 때문에 실수를 줄여주며 논리적 사고력을 키워줍니다. 빈칸 채우는 문제를 아무리 많이 풀어도 직접 식을 써보지 않으면 연산 학습에서 큰 효과를 기대하기 어렵습니다. 요즘 아이들은 숫자를 바르게 써서 하나의 식을 완성하는 데 어려움을 겪는 경우가 많습니다. 연산 학습은 하나의 식을 제대로 써보는 것이 그 시작입니다. 말로 설명하고 손으로 기록하면 개념을 완벽하게 이해할 수 있습니다.

❺ '빠르게'가 아니라 '정확하게'!

초등에서의 연산력은 중학교 이상의 수학을 공부하는 데 기초가 됩니다. 중·고등학교 수학은 복잡한 연산을 요구하지 않습니다. 주어진 문제를 이해하여 식을 쓰고 차근차근 해결해나가는 문제해결능력이 더 중요합니다. 초등학교 때부터 문제를 빨리 푸는 것보다 한 문제라도 정확하게 정리하고 풀이 과정이 잘 드러나도록 식을 써서 해결하는 습관이 중·고등학교에 가서 수학을 잘하는 비결입니다. 우리 책에서는 충분히 생각하면서 문제를 풀도록 시간에 제한을 두지 않았습니다. 속도는 목표가 될 수 없습니다. 이해가 되면 속도는 자연히 따라붙습니다.

❻ 학생의 인지 발달에 맞는 문제 분량

연산은 아이가 처음 접하는 수학입니다. 수학은 반복적으로 훈련하는 것이 아니라 생각의 힘을 키우는 학문입니다. 과도하게 많은 문제를 풀면 수학에 대한 잘못된 선입관을 갖게 되어 수학 과목 자체가 싫어질 수 있습니다. 우리 책에서는 아이들의 발달 단계에 따라 개념이 완전히 내 것이 될 수 있도록 학년별로 적절한 수의 문제를 배치해 '최소한'으로 '최대한'의 효과를 낼 수 있도록 했습니다.

❼ 문제 중간 튀어나오는 돌발 문제

한 단원 내에서 똑같은 유형의 문제가 반복적으로 나오면 생각하지 않고 기계적으로 문제를 풀게 됩니다. 연산을 어느 정도 익히면 자동화되는 경향이 있기 때문입니다. 이런 경우 실수가 생기고, 답이 맞을 수는 있지만 완전히 아는 것이 아닐 수 있습니다. 우리 책에는 중간중간 출몰하는 엉뚱한 돌발 문제로 생각의 끈을 놓을 수 없는 장치를 마련해두었습니다. 어떤 문제를 맞닥뜨려도 해결해나가는 힘을 기를 수 있습니다.

❽ 일상의 수학을 강조하다 -문장제

뇌과학적으로 우리의 기억은 일상에 활용할만한 가치가 있는 것을 저장하고, 자기연관성이 있으면 감정을 이입하여 그 기억을 오래 저장한다고 합니다. 우리 책은 일상에서 벌어지는 다양한 상황을 문제로 제시합니다. 창의력과 문제해결능력을 향상시켜 계산이 전부가 아니라 수학적으로 생각하는 힘을 키워줍니다.

7권

초등 4학년

차례

교과서에서는?

1단원 큰 수

4학년 1학기에는 10000을 배워요. 그리고 수를 점점 더 확장하여 조 단위까지의 큰 수를 배우지요. 수가 점점 커지므로 어렵게 느껴질 수도 있지만 수가 커지는 원리는 같아요.

교과서에서는?

2단원 각도

각의 크기, 즉 각도에 대해 배워요. 그리고 자연수의 덧셈과 뺄셈의 방법으로 각도의 합과 차를 구해 봐요. 이를 바탕으로 삼각형과 사각형에서의 내각의 크기의 합을 구하는 방법을 배운답니다.

수 세기를 통해 도입된 자연수가 아주 큰 수로 범위가 커집니다. 그래서 10000을 배우고 단위를 키워 조 단위까지 배웁니다. 3학년까지 배운 수의 개념을 연결하여 차분하게 공부해 보세요. 곱셈과 나눗셈을 마지막 단계로 배우게 되는데 3학년 때까지 배운 것을 더 큰 수로 확장합니다. 각도에서는 3학년에 배운 각과 직각을 넓혀 각의 크기, 즉 각도에 대해 배웁니다. 그리고 자연수의 덧셈과 뺄셈을 연결하여 같은 방법으로 각도의 합과 차를 구합니다. 이를 바탕으로 삼각형과 사각형에서 내각의 크기의 합을 다룹니다.

> **교과서에서는?**
> ···
> **3단원 곱셈과 나눗셈**
> 자연수의 곱셈과 나눗셈을 마지막으로 공부해요. 더 큰 수의 곱셈과 나눗셈을 계산하지요. 수가 커져서 어렵게 느껴질 수 있지만 처음 배웠던 곱셈과 나눗셈의 원리와 같으므로 익숙해질 때까지 꾸준히 연습해 보세요.

연산의 발견 　사용 설명서

나?
내 이름은
똑개!

똑똑한 개념연결,
똑개야!

각 단계의 제목

새 교육과정의
교과서 진도와 맞추었어요.
학교에서 배운 것을 바로 복습하며
문제를 풀어봐요. 하루에 두 쪽씩
진도에 맞춰 문제를 풀다 보면
나도 연산왕!

개념연결

구체적인 문제와 문제의 연결로 이루어져 있어요.
실수가 잦거나 헷갈리는 문제가 있다면
전 단계의 개념을 완전히 이해 못한 것이에요.
자기주도적으로 복습 혹은 예습을 할 수 있게 도와줍니다.

배운 것을 기억해 볼까요?

이전에 학습한 내용을 알고 있는지
확인해보는 선수 학습이에요.
개념연결과 짝을 이뤄 학습 결손이
생기지 않도록 만든 장치랍니다.
배웠다고 넘어가지 말고 어떻게 현 단계와
연결되는지 생각하면서 문제를 풀어보세요.

30초 개념

교과서에 나와 있는 개념 설명을 핵심만 추려
정리했어요. 해당 내용의 주제나 정리를
제목으로 크게 넣었어요. 제목만 큰 소리로 읽어봐도
개념을 이해하는 데 도움이 될 거예요.
그 아래에는 자세한 개념 설명과 풀이 방법을 넣었어요.

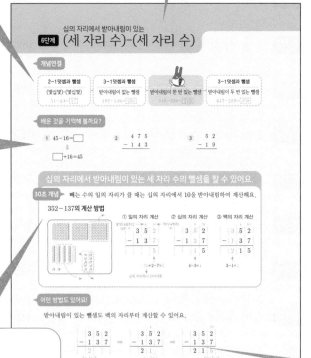

수학은 주어진 문제를 이해하고 차근히 해결해나가는 것이
중요해요. 그래서 시간제한이 없는 대신
본인의 성취를 별☆로 표시하도록 했어요.
80% 이상 문제를 맞혔을 경우 다음 페이지로(별 4~5개),
그 이하인 경우 개념 설명을 다시 읽어보도록 해요.
완전히 이해가 되면 속도는 자연히 따라붙어요.

개념 익히기

30초 개념에서 다루었던 개념이
그대로 적용된 필수 문제예요.
똑개의 친절한 설명을 따라
문제를 풀다 보면 연산의 기본자세를
잡을 수 있어요.

덤

선생님들의 꿀팁이에요.
교육 현장에서 학생들이
자주 실수하거나
헷갈리는 문제에 대해
짤막하게 설명해줘요.

이런 방법도 있어요!

문제를 푸는 방법이 하나만 있는 건 아니에요.
수학은 공식으로만 푸는 것이 아닌,
생각하는 학문이랍니다. 선생님들이 좀 더 쉽게
개념을 이해할 수 있는 방법이나 다르게
생각할 수 있는 방법들을 제시했어요.

개념 다지기

✏️ 계산해 보세요.

①		4	8	3
	−	3	5	4

②		6	8	4
	−		3	8

③		7	9	6
	−	4	7	7

④		8	5	0
	−	2	2	6

⑦		2	5	0
	−	2	4	7

⑩		7	4	6
	−	1	1	9

⑬		8	2	0

✏️ 계산해 보세요.

① 732−405

② 881−326

③ 912−60□

④ 783−427

□ 671−329

⑥ 2□

⑦ 321−14

⑧ 91+327

⑨ 5

⑫ 78

⑮ 864−258

개념 다지기

개념 익히기보다 약간 난이도가 높은 실전 문제들이에요. 특히 개념을 완벽하게 이해하도록 도와주는, 손으로 직접 쓰는 필산 문제가 들어 있어요. 필산을 하면 계산 경로가 기록되기 때문에 실수가 줄고 논리적 사고력이 길러져요.

돌발 문제

똑같은 유형의 문제가 반복되면 생각하지 않고 문제를 풀게 되지요. 하지만 문제 중간에 엉뚱한 돌발 문제가 출몰한다면 생각의 끈을 놓을 수 없을 거예요. 덤으로, 어떤 문제를 맞닥뜨려도 풀어낼 수 있는 힘을 얻게 된답니다.

선생님놀이

답이 맞았다고 해도 풀이 과정을 말로 설명하지 못하면 개념을 이해하지 못한 거예요. 부모님이나 친구에게 설명을 해보세요. 그리고 답지에 나와 있는 모범 해설과 대조해보면 내가 이 문제를 얼마만큼 이해했는지 알 수 있을 거예요.

개념 키우기

일상에서 벌어지는 다양한 상황이 서술형 문제로 나옵니다. 새 교육과정에서 문장제의 비중이 높아지고 있습니다. 문장제는 생활 속에서 일어나는 상황을 수학적으로 이해하고 식으로 써서 답을 내는 과정이 중요한 문제로, 수학적으로 생각하는 힘을 키워줘요.

개념 키우기

월 일 ☆☆☆☆☆

✏️ 문제를 해결해 보세요.

① 교통안전 퀴즈 대회에 참가한 어린이는 352명이고, 이 중 148명이 남학생입니다. 대회에 참가한 여학생은 모두 몇 명인가요?

식 _____ 답 _____ 명

② 민주네 모둠은 줄넘기를 254번 했고, 진아네 모둠은 민주네 모둠보다 138번 더 적게 했습니다. 진아네 모둠은 줄넘기를 몇 번 했나요?

식 _____ 답 _____ 번

③ 모둠별로 소망을 담은 종이접기를 하고 있습니다. 그림을 보고 물음에 답하세요.

1모둠 127개   2모둠 152개   3모둠 163개

(1) 종이접기를 가장 많이 한 모둠은 어느 모둠인가요?

(_____)모둠

(2) 종이배는 종이비행기보다 몇 개 더 많은가요?

식 _____ 답 _____ 개

(3) 종이비행기를 몇 개 더 접으면 종이학과 개수가 같아지나요?

식 _____ 답 _____ 개

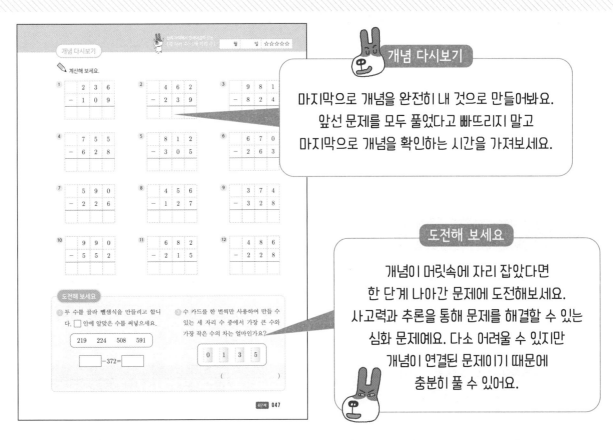

개념 다시보기

마지막으로 개념을 완전히 내 것으로 만들어봐요.
앞선 문제를 모두 풀었다고 빠뜨리지 말고
마지막으로 개념을 확인하는 시간을 가져보세요.

도전해 보세요

개념이 머릿속에 자리 잡았다면
한 단계 나아간 문제에 도전해보세요.
사고력과 추론을 통해 문제를 해결할 수 있는
심화 문제예요. 다소 어려울 수 있지만
개념이 연결된 문제이기 때문에
충분히 풀 수 있어요.

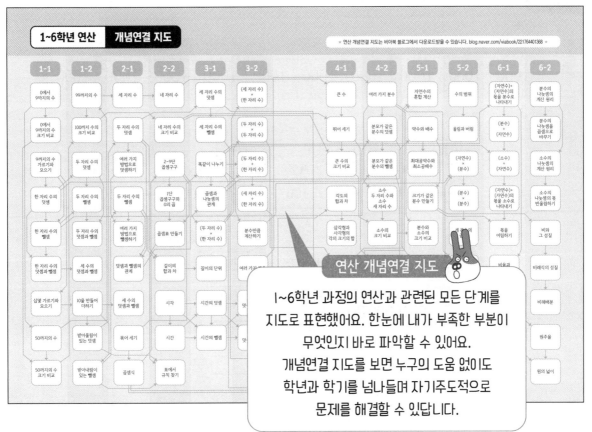

연산 개념연결 지도

1~6학년 과정의 연산과 관련된 모든 단계를
지도로 표현했어요. 한눈에 내가 부족한 부분이
무엇인지 바로 파악할 수 있어요.
개념연결 지도를 보면 누구의 도움 없이도
학년과 학기를 넘나들며 자기주도적으로
문제를 해결할 수 있답니다.

1단계 1000이 10개인 수

▶ 개념연결

2-1 세 자리 수	2-2 네 자리 수	1000이 10개인 수	4-1 큰 수
90보다 10 큰 수	100이 10개인 수		다섯 자리 수
98-99- 100	980-990- 1000	8000-9000- 10000	12300→ 만 이천삼백

▶ 배운 것을 기억해 볼까요?

1 99보다 1 큰 수는 ☐ 입니다.

2 999보다 1 큰 수는 ☐ 입니다.

3 100이 ☐ 개이면 1000입니다.

4 1000은 700보다 ☐ 큰 수입니다.

1000이 10개인 수를 알 수 있어요.

30초 개념 ▶ 1000이 10개인 수를 10000 또는 1만이라 쓰고, 만 또는 일만이라고 읽어요.

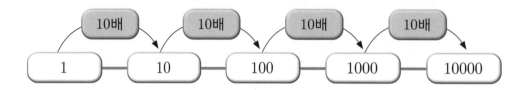

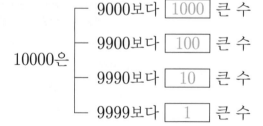

$$10000은 \begin{cases} 9000보다 \boxed{1000} \ 큰 \ 수 \\ 9900보다 \boxed{100} \ 큰 \ 수 \\ 9990보다 \boxed{10} \ 큰 \ 수 \\ 9999보다 \boxed{1} \ 큰 \ 수 \end{cases}$$

개념 익히기

✏️ 10000만큼 색칠해 보세요.

1
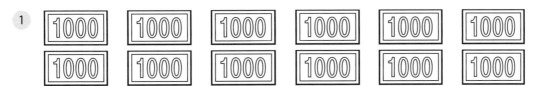

2
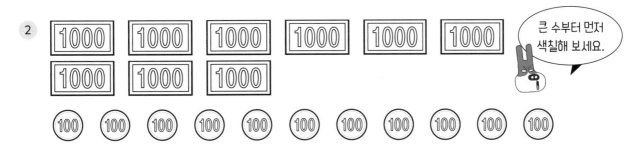

큰 수부터 먼저 색칠해 보세요.

3
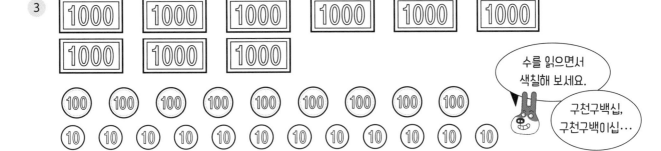

수를 읽으면서 색칠해 보세요.

구천구백십,
구천구백이십…

4
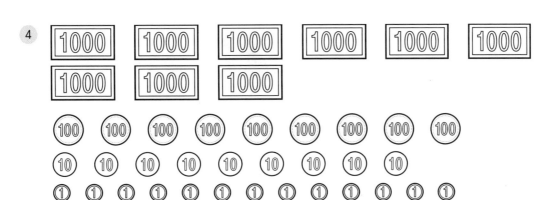

 덤

돈을 세면서 다섯 자리 수를 알 수 있어요.
10000원은 1000원짜리 지폐 10장 또는 100원짜리
동전 100개 또는 10원짜리 동전 1000개예요.

10장   100개   1000개

✏️ ☐ 안에 알맞은 수를 써넣으세요.

1 10000은 1000이 ☐ 개인 수입니다.

1000씩 몇 번 뛰어 세면 10000이 되는지 생각해 보세요.

2 100이 10개인 수는 ☐ 입니다.

3 9960보다 ☐ 큰 수는 10000입니다.

4 10000은 9900보다 ☐ 큰 수입니다.

5 10000은 9990보다 ☐ 큰 수입니다.

6 10000은 9999보다 ☐ 큰 수입니다.

9000이 10000이 되려면 얼마가 더 있어야 하는지 생각해 보세요.

7 10000은 9000보다 ☐ 큰 수입니다.

8 7000보다 ☐ 큰 수는 10000입니다.

9 930보다 ☐ 큰 수는 1000입니다.

10000을 여러 가지 방법으로 나타낼 수 있어요.

10 9995는 10000보다 ☐ 작은 수입니다.

11 9920은 10000보다 ☐ 작은 수입니다.

규칙에 따라 빈 곳에 알맞은 수를 써넣으세요.

어느 자리 숫자가 몇씩 바뀌는지 확인해요.

1 　9996 — 9997 — 9998 — 9999 — *10000*

2 　600 — 700 — 800 — 900 — ☐

3 　6000 — 7000 — 8000 — 9000 — ☐

4 　9600 — ☐ — 9800 — 9900 — ☐

5 　☐ — 960 — 970 — ☐ — 990 — ☐

6 　9950 — ☐ — 9970 — 9980 — ☐ — ☐

7 　9990 — 9992 — ☐ — ☐ — 10000

8 　9000 — 9200 — ☐ — ☐ — ☐ — 10000

9 　☐ — ☐ — 9940 — 9960 — ☐ — ☐

개념 키우기

✏️ 문제를 해결해 보세요.

1 예나가 가지고 있는 돈은 얼마인가요?

예나

나는 1000원짜리 지폐 8장,
100원짜리 동전 18개,
10원짜리 동전 20개가 있어.

(   )원

2 예나는 용돈을 받고 사용할 때마다 용돈 기입장을 적습니다. 그림을 보고 물음에 답하세요.

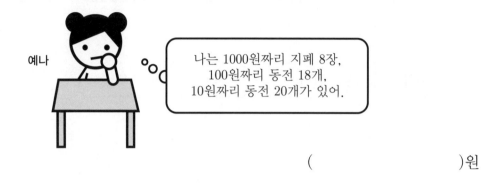

〈용돈 기입장〉

날짜	내용	수입	지출
0월0일	용돈	8000원	
0월0일	색연필		2000원
0월0일	심부름	1000원	
0월0일	아이스크림		1500원

(1) 예나의 수입은 모두 얼마인가요?

(   )원

(2) 예나의 지출은 모두 얼마인가요?

(   )원

(3) 예나가 현재 가지고 있는 돈은 얼마인가요?

(   )원

(4) 예나가 10000원을 저축하려면 얼마를 더 모아야 하나요?

(   )원

개념 다시보기

✎ ☐ 안에 알맞은 수를 써넣으세요.

1 10000은 1000이 ☐ 개인 수입니다.

2 10000은 9999보다 ☐ 큰 수입니다.

3 9900보다 100 큰 수는 ☐ 입니다.

4 10000은 9980보다 ☐ 큰 수입니다.

5 9900은 10000보다 ☐ 작은 수입니다.

6 9000은 10000보다 ☐ 작은 수입니다.

도전해 보세요

1 10000이 6개인 수를 쓰고 읽어 보세요.

쓰기 _____

읽기 _____

2 수를 읽어 보세요.

13579

(　　　　　　　　　　　　)

개념연결

2-1세 자리 수	2-2네 자리 수	다섯 자리 수	4-1큰 수 알기
세 자리 수	네 자리 수	32100	십만, 백만, 천만
321	3210	읽기: 삼만 이천백	32100000
읽기: 삼백이십일	읽기: 삼천이백십		읽기: 삼천이백십만

배운 것을 기억해 볼까요?

1

쓰기 _____   읽기 _____

2

| 1000 | 1000 | 1000 | 100 100 10 10 |
| 1000 | 1000 | 1000 | 100 100 10 10 ① ① |

쓰기 _____   읽기 _____

다섯 자리 수를 쓰고 읽을 수 있어요.

30초 개념

10000이 2개, 1000이 3개, 100이 4개, 10이 5개, 1이 6개인 수를
23456이라 쓰고, 이만 삼천사백오십육이라고 읽어요.

23456 알아보기

만의 자리	천의 자리	백의 자리	십의 자리	일의 자리	
2	3	4	5	6	← 숫자

2	0	0	0	0
	3	0	0	0
		4	0	0
			5	0
				6

각 자리 숫자가 나타내는 수

$$23456 = 20000 + 3000 + 400 + 50 + 6$$

각 자리 숫자가 나타내는 수의 합으로 나타낼 수 있어요.

✏️ 빈 곳에 알맞은 수나 말을 써넣으세요.

1

만의 자리	천의 자리	백의 자리	십의 자리	일의 자리	
5	7	2	1	9	← 숫자
50000	7000	200	10	9	← 나타내는 수

읽기 _오만 칠천이백십구_

일의 자리부터 네 자리씩
끊어서 읽어요.

2

만의 자리	천의 자리	백의 자리	십의 자리	일의 자리
3	9	8	4	6
30000			40	

읽기 _____

3

만의 자리	천의 자리	백의 자리	십의 자리	일의 자리
6	6	3	4	8
	6000			8

읽기 _____

숫자는 같지만
나타내는 수가
달라요.

'일백'이라 읽지 않고
'백'이라고 읽어요.

4

만의 자리	천의 자리	백의 자리	십의 자리	일의 자리
5	5	7	6	3
	5000	700		

읽기 _____

숫자가 0인 자리는
읽지 않아요.

5

만의 자리	천의 자리	백의 자리	십의 자리	일의 자리
9	6	1	5	7
90000		100		

읽기 _____

6

만의 자리	천의 자리	백의 자리	십의 자리	일의 자리
7	9	0	1	5
		0	10	

읽기 _____

☐ 안에 알맞은 수를 써넣으세요.

① $51297 = 50000 + 1000 + 200 + \boxed{90} + \boxed{7}$

각 자리의 숫자가
나타내는 값은
모두 달라요.

② $84391 = 80000 + 4000 + \boxed{} + \boxed{} + 1$

③ $78355 = \boxed{} + \boxed{} + \boxed{} + 50 + 5$

④ $4391 = 4000 + \boxed{} + \boxed{} + 1$

⑤ $89752 = 80000 + \boxed{} + 700 + \boxed{} + \boxed{}$

⑥ $11370 = \boxed{} + 1000 + \boxed{} + \boxed{}$

숫자가 0인 자리는
덧셈식에 쓰지 않아요.

⑦ $75366 = 70000 + \boxed{} + \boxed{} + 60 + \boxed{}$

⑧ $7645 = \boxed{} + 600 + \boxed{} + \boxed{}$

⑨ $60873 = \boxed{} + \boxed{} + 70 + \boxed{}$

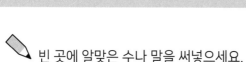

✏️ 빈 곳에 알맞은 수나 말을 써넣으세요.

1 10000이 6, 1000이 1, 100이 3, 10이 9, 1이 7인 수

쓰기 | 6 | 1 | 3 | 9 | 7 | 읽기 _육만 천삼백구십칠_

2 10000이 8, 1000이 3, 100이 2, 10이 8, 1이 7인 수

쓰기 | | | | | | 읽기 _____

3 10000이 7, 1000이 5, 100이 4, 10이 9인 수

쓰기 | | | | | | 읽기 _____

4 1000이 4, 100이 5, 10이 3, 1이 9인 수

쓰기 | | | | | 읽기 _____

5 10000이 1, 1000이 8, 100이 3, 10이 7, 1이 2인 수

쓰기 | | | | | | 읽기 _____

6 10000이 5, 1000이 5, 100이 8, 10이 1, 1이 1인 수

쓰기 | | | | | | 읽기 _____

7 1000이 7, 10이 8, 1이 4인 수

쓰기 | | | | | 읽기 _____

8 10000이 8, 1000이 9, 10이 9, 1이 6인 수

쓰기 | | | | | | 읽기 _____

개념 키우기

✏️ 문제를 해결해 보세요.

① 준성이가 저금통에 모은 돈이 다음과 같습니다. 모두 얼마인가요?

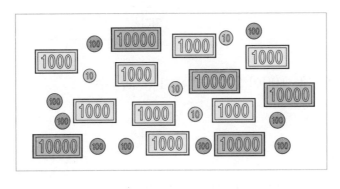

(   )원

② 야구장의 좌석 수를 세어 보니 1000명이 앉을 수 있는 좌석이 30군데, 100명이 앉을 수 있는 좌석이 3군데 있고, 특별 좌석이 6개입니다. 물음에 답하세요.

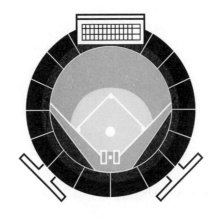

(1) 1000명이 앉을 수 있는 좌석 30군데에 빈자리 없이 앉으면 모두 몇 명이 앉을 수 있나요?

(   )명

(2) 100명이 앉을 수 있는 좌석 3군데에 빈자리 없이 앉으면 모두 몇 명이 앉을 수 있나요?

(   )명

(3) 야구장의 좌석 수는 모두 몇 개인가요?

(   )개

개념 다시보기

 빈 곳에 알맞은 수나 말을 써넣으세요.

1

만의 자리	천의 자리	백의 자리	십의 자리	일의 자리
6	5	9	4	8
60000			40	

읽기 _____

2

만의 자리	천의 자리	백의 자리	십의 자리	일의 자리
7	9	4	1	5
	9000	400		

읽기 _____

3

만의 자리	천의 자리	백의 자리	십의 자리	일의 자리
9	3	3	3	2
	3000		30	

읽기 _____

4

만의 자리	천의 자리	백의 자리	십의 자리	일의 자리
5	6	4	4	2
50000		400		

읽기 _____

5 $84582 = \boxed{} + 4000 + \boxed{} + \boxed{} + 2$

6 $59324 = 50000 + \boxed{} + \boxed{} + \boxed{} + 4$

도전해 보세요

1 수 카드를 모두 한 번씩만 사용하여 가장 큰 다섯 자리 수와 가장 작은 다섯 자리 수를 구해 보세요.

| 0 | 1 | 7 | 5 | 3 |

가장 큰 수 (   )
가장 작은 수 (   )

2 10000이 10개인 수를 써 보세요.

(   )

개념연결

2-2네 자리 수	4-1큰 수	십만, 백만, 천만	4-1큰 수
100이 10개인 수	1000이 10개인 수	십만=100000 백만=1000000 천만=10000000	억
980-990-\boxed{1000}	8000-9000-\boxed{10000}		1억=\boxed{100000000}

배운 것을 기억해 볼까요?

1 1000이 10개인 수

2

만	천	백	십	일
6	7	3	2	5

쓰기 ＿＿＿＿＿＿   읽기 ＿＿＿＿＿＿＿＿

쓰기 ＿＿＿＿＿＿   읽기 ＿＿＿＿＿＿＿＿

십만, 백만, 천만을 쓰고 읽을 수 있어요.

30초 개념

10000이 ┌ 10개이면　　(100000)　(10만)　(십만)
　　　　├ 100개이면　(1000000)　(100만)　(백만)
　　　　└ 1000개이면 (10000000)　(1000만)　(천만)

56780000 알아보기

10000이 5678개이면 56780000 또는 5678만이라고 써요.

5	6	7	8	0	0	0	0
천	백	십	일	천	백	십	일
			만				일

오천육백칠십팔만이라고 읽어요.

$$56780000 = 50000000 + 6000000 + 700000 + 80000$$

이런 방법도 있어요!

56780000
만

10000은 0이 4개이므로 5678 뒤에 '0000'을 붙이면
56780000(=5678만)이 돼요.

주어진 수만큼 색칠해 보세요.

① 100000

10000	10000	10000	10000	10000
10000	10000	10000	10000	10000
10000	10000	10000	10000	10000

100000이 되려면
10000이 몇 개 있어야
하는지 생각해 보세요.

② 1000000

100000　100000　100000　100000　100000　100000

100000　100000　100000　100000　100000　100000

③ 10000000

1000000　1000000　1000000　1000000　1000000

1000000　1000000　1000000　1000000　1000000

1000000　1000000　1000000　1000000　1000000

④ 1000000

10만　10만　10만　10만　10만

10만　10만　10만　10만

1만　1만　1만　1만　1만　1만　1만

1만　1만　1만　1만　1만　1만　1만

⑤ 10000000

100만　100만　100만　100만　100만

100만　100만　100만　100만

10만　10만　10만　10만　10만

10만　10만　10만　10만　10만　10만　10만

표를 보고 ☐ 안에 알맞은 수를 써넣으세요.

1

5	9	1	4	0	0	0	0
천만	백만	십만	만	천	백	십	일

$59140000 = 50000000 + 9000000 + 100000 +$ ☐

2

3	2	2	3	0	0	0	0
천만	백만	십만	만	천	백	십	일

$32230000 = 30000000 + 2000000 +$ ☐ $+$ ☐

3

4	7	8	3	0	0	0	0
천만	백만	십만	만	천	백	십	일

$47830000 = 40000000 + 7000000 +$ ☐ $+$ ☐

4

5	7	1	7	0	0	0	0
천만	백만	십만	만	천	백	십	일

$57170000 = 50000000 +$ ☐ $+$ ☐ $+ 70000$

5

6	9	3	5	0	0	0	0
천만	백만	십만	만	천	백	십	일

$69350000 =$ ☐ $+$ ☐ $+$ ☐ $+ 50000$

✏️ 수를 쓰고 읽어 보세요.

1 10000이 2367인 수

쓰기 | 2 | 3 | 6 | 7 | 0 | 0 | 0 | 0 |

읽기 _이천삼백육십칠만_

2 10000이 4983인 수

쓰기 | | | | | | | | |

읽기 _____

3 10000이 4523, 1이 9800인 수

쓰기 | | | | | | | | |

읽기 _____

4 10000이 7903, 1이 2305인 수

쓰기 | | | | | | | | |

읽기 _____

5 10000이 5, 1000이 6, 10이 4인 수

쓰기 | | | | | |

읽기 _____

6 10000이 7023, 1이 5612인 수

쓰기 | | | | | | | | |

읽기 _____

7 10000이 8, 1000이 7, 10이 5, 1이 6인 수

쓰기 | | | | | |

읽기 _____

8 10000이 5346, 1이 2013인 수

쓰기 | | | | | | | | |

읽기 _____

개념 키우기

✏️ 문제를 해결해 보세요.

1. 1년 동안 판매된 엽서의 수를 알아보았더니 1000만 장짜리 6묶음, 100만 장짜리 5묶음, 10만 장짜리 9묶음이 판매되었습니다. 판매된 엽서는 모두 몇 장인가요?

(   )장

2. 밥알 50개의 무게는 2 g이라고 합니다. 그림을 보고 물음에 답하세요.
   (단, 그릇의 무게는 0 g입니다.)

(1) 밥 한 그릇은 200 g입니다. 밥 한 그릇에 들어 있는 밥알은 모두 몇 개인가요?

(   )개

(2) 밥 두 그릇에 들어 있는 밥알은 모두 몇 개인가요?

(   )개

(3) 하루에 밥을 두 그릇씩 100일 동안 먹는다면 밥알은 몇 개를 먹게 되나요?

(   )개

개념 다시보기

 표를 보고 ☐ 안에 알맞은 수를 써넣으세요.

1

5	8	2	4	0	0	0	0
천만	백만	십만	만	천	백	십	일

58240000 = 50000000 + 8000000 + 200000 + ☐

2

4	8	1	3	0	0	0	0
천만	백만	십만	만	천	백	십	일

48130000 = 40000000 + ☐ + 100000 + ☐

3

7	5	2	9	0	0	0	0
천만	백만	십만	만	천	백	십	일

75290000 = ☐ + 5000000 + ☐ + ☐

4

3	9	1	4	0	0	0	0
천만	백만	십만	만	천	백	십	일

39140000 = ☐ + 9000000 + ☐ + ☐

도전해 보세요

1 두 수의 크기를 비교하여 ◯ 안에 >, =, <를 알맞게 써넣으세요.

33300000 ◯ 3330000

2 숫자 9가 나타내는 값을 써 보세요.

89750000   92130000
  ㉠   ㉡

㉠ (   )

㉡ (   )

개념연결

4-1큰 수	4-1큰 수		4-1큰 수
1000이 10개인 수	십만, 백만, 천만	억	조
1만= 10000	1110만= 11100000	1억= 100000000	1조= 1000000000000

배운 것을 기억해 볼까요?

1 10000이 7인 수

쓰기 _____ 읽기 _____

2 10000이 1357인 수

쓰기 _____ 읽기 _____

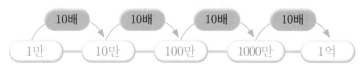

억을 쓰고 읽을 수 있어요.

30초 개념

1000만이 10개인 수를 100000000 또는 1억이라 쓰고, 억 또는 일억이라고 읽어요.

1만 →(10배)→ 10만 →(10배)→ 100만 →(10배)→ 1000만 →(10배)→ 1억

345600000000 알아보기

1억이 3456개이면 345600000000 또는 3456억이라 쓰고,
삼천사백오십육억이라고 읽어요.

3	4	5	6	0	0	0	0	0	0	0	0
천	백	십	일	천	백	십	일	천	백	십	일
			억				만				일

삼천사백오십육억이라고 읽어요.

이런 방법도 있어요!

345600000000
억   만

1억은 0이 8개이므로 3456 뒤에 '00000000'을 붙이면
345600000000(=3456억)이 돼요.

개념 익히기

 주어진 수만큼 색칠해 보세요.

1 100000000

1000만	1000만	1000만	1000만	1000만
1000만	1000만	1000만	1000만	1000만
1000만	1000만	1000만	1000만	1000만

> 1억이 되려면 1000만이 몇 개 있어야 하는지 생각해 보세요.

2 1000000000

1억 1억 1억 1억 1억 1억 1억
1억 1억 1억 1억 1억 1억 1억

3 10000000000

10억 10억 10억 10억 10억 10억
10억 10억 10억 10억 10억 10억

4 100000000000

100억 100억 100억 100억 100억 100억
100억 100억 100억 100억 100억 100억

5 100000000000

100억 100억 100억 100억 100억
100억 100억 100억 100억
10억 10억 10억 10억 10억 10억
10억 10억 10억 10억 10억 10억

덤

돈으로 1억을 생각해 볼 수도 있어요.

1000만 원을 10배 하면 1억 원이 된답니다.

| 10000 | 10000 | 10000 | 10000 | 10000 |
| 1만 원 | 10만 원 | 100만 원 | 1000만 원 | 1억 원 |

10배 → 10배 → 10배 → 10배 → 10배

✎ ☐ 안에 알맞은 수를 써넣으세요.

일의 자리부터 네 자리씩 끊어서 읽어 보세요.

1

2	7	9	4	0	0	0	0	0	0	0	0
천억	백억	십억	억	천만	백만	십만	만	천	백	십	일

279400000000 = 200000000000 + 70000000000

+ 9000000000 + ☐

2

4	8	7	1	0	0	0	0	0	0	0	0
천억	백억	십억	억	천만	백만	십만	만	천	백	십	일

487100000000 = 400000000000 + ☐

+ 7000000000 + ☐

3 3258│00000000
  억 만

= 300000000000 + ☐ + ☐ + 800000000

4 5717│00000000
  억 만

= 500000000000 + ☐ + ☐

+ ☐

5 8866│44000000
  억 만

= ☐ + 80000000000 + ☐ + 600000000

+ ☐ + 4000000

6 6935│78530000
  억 만

= ☐ + ☐ + ☐

+ 500000000 + ☐ + 8000000 + 500000 + 30000

수를 쓰고 읽어 보세요.

1 억이 7300인 수

쓰기 | 7 | 3 | 0 | 0 | 0 | 0 | 0 | 0 | 0 | 0 | 0 | 0 |

읽기 _____

2 억이 8235인 수

쓰기

읽기 _____

3 억이 6527인 수

쓰기

읽기 _____

4 억이 1529, 만이 6300인 수

쓰기

읽기 _____

5 10000이 4623, 1이 280인 수

쓰기

읽기 _____

6 억이 9523, 만이 5809인 수

쓰기

읽기 _____

개념 키우기

✏️ 문제를 해결해 보세요.

1 어느 나라의 인구수는 억이 13, 만이 734, 일이 7981인 수와 같습니다.
인구수는 모두 몇 명인지 수로 써 보세요.

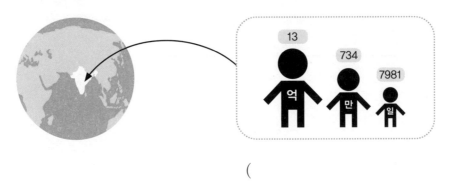

(   )명

2 다음은 어느 자동차 회사의 수출액을 나타낸 수입니다.
이 회사의 자동차 수출액은 얼마인지 수로 써 보세요.

> 100억이 17, 100만이 75인 수

(   )원

3 사랑의열매는 기부금을 모아서 우리 주변의 어려운 이웃들을 돕습니다.
그림을 보고 물음에 답하세요.

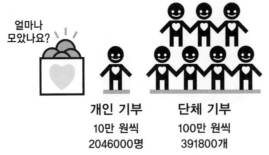

얼마나 모았나요?

개인 기부
10만 원씩
2046000명

단체 기부
100만 원씩
391800개

(1) 개인이 기부한 금액은 모두 얼마인가요?

(   )원

(2) 단체가 기부한 금액은 모두 얼마인가요?

(   )원

(3) 전체 기부금은 모두 얼마인가요?

(   )원

✏️ ☐ 안에 알맞은 수를 써넣으세요.

1

3	5	9	1	0	0	0	0	0	0	0	0
천억	백억	십억	억	천만	백만	십만	만	천	백	십	일

359100000000 = 300000000000 + ☐ + 9000000000 + 100000000

2 271400000000
   억   만

   = 200000000000 + ☐ + 1000000000 + ☐

3 867400000000
   억   만

   = 800000000000 + ☐ + ☐

   + ☐

4 469635830000
   억   만

   = 400000000000 + ☐ + ☐

   + ☐ + 30000000 + ☐ + 800000 + 30000

도전해 보세요

1 0~9의 수를 모두 한 번씩 사용하여 10억의 자리 숫자가 2인 가장 작은 수를 만들고 읽어 보세요.

쓰기 _____

읽기 _____

2 두 수의 크기를 비교하여 ◯ 안에 >, =, <를 알맞게 써넣으세요.

899800000000 ◯ 898900000000

개념연결

4-1큰 수	4-1큰 수	4-1큰 수	조
만	십만, 백만, 천만	억	
1000이 10인 수 =10000	1만이 10인 수 =100000	1000만이 10인 수 =100000000	1000억이 10인 수 =1000000000000

배운 것을 기억해 볼까요?

1 1000만이 7, 100만이 6, 10만이 4인 수

쓰기 _____ 읽기 _____

2 1억이 5372인 수

쓰기 _____ 읽기 _____

조를 쓰고 읽을 수 있어요.

30초 개념 1000억이 10개인 수를 1000000000000 또는 1조라 쓰고, 조 또는 일조라고 읽어요.

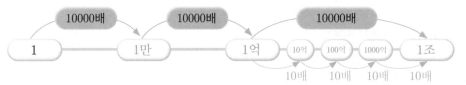

8765000000000000 알아보기

1조가 8765개이면 8765000000000000또는 8765조라 쓰고,
팔천칠백육십오조라고 읽어요.

8	7	6	5	0	0	0	0	0	0	0	0	0	0	0	0
천	백	십	일	천	백	십	일	천	백	십	일	천	백	십	일
			조				억				만				일

└ 팔천칠백육십오조라고 읽어요.

이런 방법도 있어요!

8765000000000000
조 억 만

1조는 0이 12개이므로 8765 뒤에 '000000000000'을 붙이면 8765000000000000(=8765조)가 돼요.

주어진 수만큼 색칠해 보세요.

1 1000000000000

1000억 1000억 1000억 1000억

1000억 1000억 1000억 1000억

1000억 1000억 1000억 1000억

1조가 되려면 1000억이 몇 개 있어야 하는지 생각해 보세요.

2 10000000000000

1조 1조 1조 1조 1조 1조 1조 1조

1조 1조 1조 1조 1조 1조 1조 1조

3 100000000000000

10조 10조 10조 10조 10조

10조 10조 10조 10조 10조

10조 10조 10조 10조

4 1000000000000000

100조 100조 100조 100조 100조 100조

100조 100조 100조 100조 100조 100조

100조 100조 100조 100조 100조 100조

5 1000000000000000000

100조 100조 100조 100조 100조

100조 100조 100조 100조

10조 10조 10조 10조 10조 10조 10조 10조

10조 10조 10조 10조 10조 10조 10조 10조

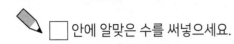 □ 안에 알맞은 수를 써넣으세요.

1

2	6	8	3	3	4	9	1	0	0	0	0	0	0	0	0
천조	백조	십조	조	천억	백억	십억	억	천만	백만	십만	만	천	백	십	일

2683349100000000 ➡ 2683 조 3491 억

네 자리씩 수를 끊어 읽어 보세요.

 2

3	9	2	5	7	5	0	0	6	8	0	0	0	0	0	0
천조	백조	십조	조	천억	백억	십억	억	천만	백만	십만	만	천	백	십	일

3925750068000000 ➡ [ ] 조 [ ] 억 [ ] 만

3 8641 3654 7722 0000 ➡ [ ] 조 [ ] 억 [ ] 만

4 789 3273 8210 0000 ➡ [ ] 조 [ ] 억 [ ] 만

5 134 0665 4 9900 ➡ [ ] 억 [ ] 만 [ ]

 6 246 0017 5054 5370 ➡ [ ] 조 [ ] 억 [ ] 만 [ ]

✎ 수를 쓰고 읽어 보세요.

1 조가 1245인 수

쓰기 | 1 | 2 | 4 | 5 | 0 | 0 | 0 | 0 | 0 | 0 | 0 | 0 | 0 | 0 | 0 | 0 |

읽기 천이백사십오조

2 조가 3529인 수

쓰기

읽기

3 조가 5231, 억이 7234인 수

쓰기

읽기

4 10000이 4623, 1이 280인 수

쓰기

읽기

> 수가 비어 있는 자리에는 숫자 '0'을 꼭 써요.

5 조가 6183, 억이 234, 만이 700인 수

쓰기

읽기

6 조가 5231, 억이 7234, 만이 6100, 일이 1943인 수

쓰기

읽기

개념 키우기

✎ 문제를 해결해 보세요.

1 교육부의 한 해 예산은 조가 75, 억이 2052인 수와 같습니다.
교육부 예산은 모두 얼마인지 수로 써 보세요.

(   ) 원

2 바이트(byte)는 컴퓨터가 처리하는 정보의 기본 단위입니다. 컴퓨터 메모리의 크기를 알아보려고
합니다. 표를 보고 물음에 답하세요.

말	수	알파벳 표시
킬로	1000	K
메가	100만	M
기가	10억	G
테라	1조	T
페타	1000조	P

(1) 2MB(메가바이트)는 수로 나타내면 몇 바이트인가요?

(   ) 바이트

(2) 3GB(기가바이트)는 수로 나타내면 몇 바이트인가요?

(   ) 바이트

(3) 4TB(테라바이트)는 수로 나타내면 몇 바이트인가요?

(   ) 바이트

개념 다시보기

✏️ 　안에 알맞은 수를 써넣으세요.

①

5	1	7	4	3	4	2	9	0	0	0	0	0	0	0	0
천조	백조	십조	조	천억	백억	십억	억	천만	백만	십만	만	천	백	십	일

5174342900000000 ➡ ☐ 조 ☐ 억

② 954 599 00 00 0000 ➡ ☐ 조 ☐ 억

③ 7836 3500 79 00 0000 ➡ ☐ 조 ☐ 억 ☐ 만

④ 9300 5871 40 00 0000 ➡ ☐ 조 ☐ 억 ☐ 만

⑤ 490 3600 055 02 390 ➡ ☐ 조 ☐ 억 ☐ 만 ☐

도전해 보세요

① 수 카드를 모두 사용하여 50조보다 크고, 50조에 가장 가까운 수를 만들고 읽어 보세요.(같은 카드를 여러 번 사용할 수 있음)

쓰기 ＿＿＿＿＿＿＿＿＿＿＿＿＿＿＿

읽기 ＿＿＿＿＿＿＿＿＿＿＿＿＿＿＿

② 백조의 자리 숫자와 천억의 자리 숫자의 합을 구해 보세요.

9574598313560000

(　　　　　　)

개념연결

2-1세 자리 수	2-2네 자리 수		4-1곱셈과 나눗셈
뛰어 세기	뛰어 세기	뛰어 세기	(세 자리 수)×(몇십)
100-200-300-[400]	1000-2000-[3000]	10만-20만-[30만]-40만	123×20=[2460]

배운 것을 기억해 볼까요?

1 240-250-□-□-280

2 8225-8325-□-□-8625

3 1199-□-5199-7199-□

4 3507-3527-□-□-3587

뛰어 세기를 할 수 있어요.

30초 개념 어느 자리의 숫자가 얼마씩 변하는지 규칙을 찾고, 변화한 수만큼 뛰어 세면서 수를 읽을 수 있어요.

1만씩 뛰어 세기

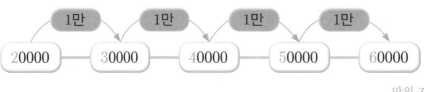

만의 자리 숫자가
1씩 커지고 있어요.

이런 방법도 있어요!

세로로 뛰어 세기 할 수도 있어요.

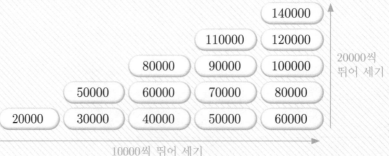

개념 익히기

규칙을 찾아 빈 곳에 알맞은 수를 써넣으세요.

같은 규칙으로
뛰어 세기 해요.

1
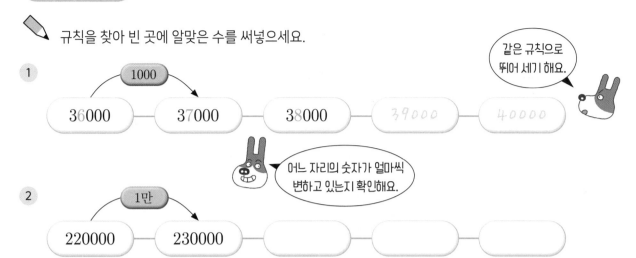

36000 —(1000)→ 37000 — 38000 — 39000 — 40000

어느 자리의 숫자가 얼마씩
변하고 있는지 확인해요.

2
220000 —(1만)→ 230000 — ☐ — ☐ — ☐

3
4756만 —(10만)→ 4766만 — ☐ — ☐ — ☐

4

4억 —(1억)→ 5억 — ☐ — ☐ — ☐

5
5380억 —(100억)→ 5480억 — ☐ — ☐ — ☐

변하는 수의 윗자리 수가
바뀔 수도 있으니 주의해요.

6

348조 —(1조)→ 349조 — ☐ — ☐ — ☐

7
310조 —(10조)→ 320조 — ☐ — ☐ — ☐

개념 다지기

 규칙을 찾아 빈 곳에 알맞은 수를 써넣으세요.

1 [34000] — [44000] — [54000] — [64000] — [74000]

 변하고 있는 숫자를 살펴봐요.

2 [2250만] — [2450만] — [2650만] — [2850만] — [3050만]

3 [423만] — [723만] — [1023만] — [1323만] — [1623만]

4 [37억] — [237억] — [437억] — [637억] — [837억]

5 [2462억] — [2467억] — [2472억] — [2477억] — [2482억]

6 [45조] — [60조] — [75조] — [90조] — [105조]

7 889600560000 = [8896] 억 [560] 만

8 [3608427] — [3708427] — [3808427] — [3908427] — [4008427]

빈 곳에 알맞은 수를 써넣으세요.

1 15000에서 2000씩 뛰어 세기

15000 — 17000 — 19000 — 21000 — 23000

2 346만에서 4만씩 뛰어 세기

◯ — ◯ — ◯ — ◯ — ◯

3 1579억에서 300억씩 뛰어 세기

◯ — ◯ — ◯ — ◯ — ◯

4 48조에서 100조씩 뛰어 세기

◯ — ◯ — ◯ — ◯ — ◯

5 억이 1529, 만이 6300인 수

6 7조 300억에서 200억씩 뛰어 세기

◯ — ◯ — ◯ — ◯ — ◯

7 조가 6183, 억이 234, 만이 700인 수

8 48560000에서 100만씩 뛰어 세기

◯ — ◯ — ◯ — ◯ — ◯

개념 키우기

📝 문제를 해결해 보세요.

1 25억에서 15억씩 4번 뛰어서 센 수를 구해 보세요.

25억에서 15억씩 뛰어
세면 25억-40억-55억…

(   )억

2 소유네 가족은 방학 동안 제주도로 여행을 떠나기 위해 여행 비용을 모으고 있습니다.
모두 175만 원이 필요한데 매달 25만 원씩을 저축하여 지금까지 50만 원을 모았습니다.
물음에 답하세요.

(1) 지금까지 모은 돈은 얼마인가요?

(   )원

(2) 지금까지 모은 돈에서 25만 원씩 뛰어 세기를 해 보세요.

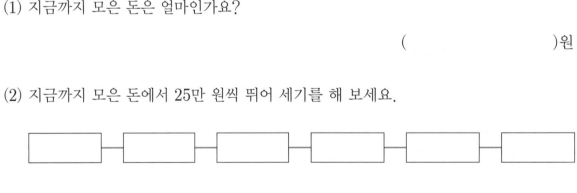

(3) 175만 원을 모으는 데 앞으로 몇 개월이 더 걸리나요?

(   )개월

개념 다시보기

✏️ 빈 곳에 알맞은 수를 써넣으세요.

1

520000 — 530000 — 540000 — ⬭ — ⬭
(1만)

2

420만 — 520만 — ⬭ — ⬭ — ⬭
(100만)

3

37000 — 40000 — ⬭ — ⬭ — ⬭

4

3억 — 5억 — ⬭ — ⬭ — ⬭

5

250조 — 265조 — ⬭ — ⬭ — ⬭

도전해 보세요

1 빈 곳에 알맞은 수를 써넣으세요.

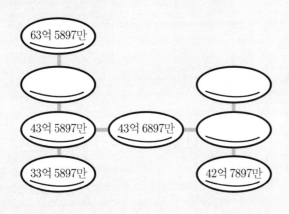

2 두 수의 크기를 비교하여 ◯ 안에 >, =, <를 알맞게 써넣으세요.

574598300000000 ◯ 94조 5983억

개념연결

1-2 100까지의 수	2-1 세 자리 수	2-2 네 자리 수	
뛰어 세기	뛰어 세기	(세 자리 수)×(몇십)	수의 크기 비교하기
64 > 63	234 < 254	5789 < 6789	56789 > 46789

배운 것을 기억해 볼까요?

1 357 ◯ 457

2 7771 ◯ 7772

3 5300 ◯ 530

수의 크기를 비교할 수 있어요.

30초 개념

두 수의 자릿수가 같은지 다른지 비교해요.

다르다   같다

자릿수가 많은 수가 더 커요.

가장 높은 자리의 수부터 차례로 비교해요.

$$\underline{12}3456 > \underline{12}345$$
만   만
6자리 수   5자리 수

$$97\underline{6}0000 < 98\underline{7}0000$$
만   만
7 < 8

이런 방법도 있어요!

	십만	만	천	백	십	일
123456 ➡	1	2	3	4	5	6
12345 ➡		1	2	3	4	5

$$123456 > 12345$$

개념 익히기

빈칸에 알맞은 수를 써넣고 두 수의 크기를 비교해 보세요.

자릿수가 같은지 다른지 비교해요.

1

십만	만	천	백	십	일
4	2	0	0	0	0
	5	9	0	0	0

420000 ⇒
59000 ⇒

420000 ＞ 59000

6자리 수 ↑ 5자리 수

자릿수가 다르면
자릿수가 많은 수가 더 커요.

2

백만	십만	만	천	백	십	일

739000 ⇒
3819000 ⇒

739000 ◯ 3819000

3

십만	만	천	백	십	일
2	3	6	0	0	0
2	3	4	0	0	0

236000 ⇒
234000 ⇒

6 〉 4

236000 ＞ 234000

자릿수가 같으면 높은 자리 수부터
차례로 비교해요.

4

백만	십만	만	천	백	십	일

5795000 ⇒
5895000 ⇒

5795000 ◯ 5895000

5

천만	백만	십만	만	천	백	십	일

83970000 ⇒
92160000 ⇒

83970000 ◯ 92160000

두 수의 크기를 비교하여 ◯ 안에 >, =, <를 알맞게 써넣으세요.

1. 48000 만 ◯ 348000 만

2. 5320000 만 ◯ 6190000 만

3. 97645763 ◯ 9764576

4. 70050000000 ◯ 72억

5. 9억 5716만 ◯ 9억 6500

6. 1017300000 ◯ 1억 1730만

7. 20억 3450만 ◯ 20억 3550만

8. 2305조 ◯ 305조

9. 634005020000000

   ➡ ⬜ 조 ⬜ 억 ⬜ 만

10. 3조 8750만 ◯ 3조 750만

11. 4676821 ◯ 467621

12. 613조 5000억 ◯ 625조 4000억

빈칸에 알맞은 수를 써넣고 두 수의 크기를 비교해 보세요.

1 336897, 35897

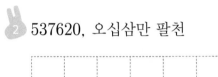

| 3 | 3 | 6 | 8 | 9 | 7 | ◯ | 3 | 5 | 8 | 9 | 7 |

2 537620, 오십삼만 팔천

3 3596만, 359만

□□□□ 만 ◯ □□□ 만

4 450만에서 10만씩 뛰어 세기

5 육백이십오억, 615억 5000만

□□□ 억 ◯ □□□□ 억 □□□□ 만

6 팔조 칠천구백오십사억 , 팔십팔조

□ 조 □□□□ 억 ◯ □□ 조

7 754360000, 755490000

□ 억 □□□□ 만 ◯ □ 억 □□□□ 만

개념 키우기

✎ 문제를 해결해 보세요.

① 세계의 인구 순위를 나타낸 표를 보고 인구수가 10억 명보다 더 많은 나라들을 찾아보세요.

1	중국	1412300612	6	파키스탄	198920697
2	인도	1346653712	7	나이지리아	193384226
3	미국	325620099	8	방글라데시	165523424
4	인도네시아	265400458	9	러시아	143977133
5	브라질	210082819	10	멕시코	129964676

(   )

② 태양과 행성들 사이의 거리를 조사하였습니다. 표를 보고 물음에 답하세요.

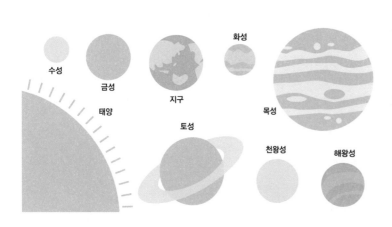

행성	태양과의 거리(km)
수성	58000
금성	1억
지구	1억 5000만
해왕성	45억
천왕성	28억 7000만
화성	2억 3000만
토성	14억 3000만
목성	7억 8000만

(1) 태양과 거리가 가장 가까운 행성은 무엇인가요?

(   )

(2) 태양과 거리가 가장 먼 행성은 무엇인가요?

(   )

(3) 태양과 거리가 가까운 순서대로 행성의 이름을 써 보세요.

개념 다시보기

빈칸에 알맞은 수를 써넣고 두 수의 크기를 비교해 보세요.

1

십만	만	천	백	십	일

38930 ◯ 549311

2

백만	십만	만	천	백	십	일

6790000 ◯ 669000

③ 4190000 ◯ 4280000

④ 13억 5000만 ◯ 3억 5000만

⑤ 7005조 ◯ 705조

⑥ 23조 3600억 ◯ 25조 1600억

도전해 보세요

① 다음 조건을 모두 만족하는 수를 구해 보세요.

- 1부터 5까지의 수를 한 번씩만 사용하여 만든 수입니다.
- 3만보다 크고 4만보다 작은 수입니다.
- 일의 자리 숫자가 가장 큽니다.
- 백의 자리 숫자는 짝수입니다.
- 천의 자리 숫자는 십의 자리 숫자의 2배입니다.

( )

② 0부터 9까지의 수 중에서 □ 안에 들어갈 수 있는 수를 모두 구해 보세요.

1356□5597 > 135665597

( )

8단계 각도의 합

개념연결

2-1덧셈과 뺄셈	3-1평면도형	각도의 합 구하기	4-1각도
받아올림이 두 번 있는 덧셈	각 알기	$40°+60°=\boxed{100}°$	각도의 차 구하기
$57+69=\boxed{126}$	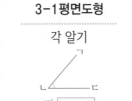 각 $\boxed{ㄱㄴㄷ}$		$100°-60°=\boxed{40}$

배운 것을 기억해 볼까요?

1 (1) $52+19=$

   (2) $45+45=$

2

각 ㄱㄴㄷ$=\boxed{}°$

각도의 합을 구할 수 있어요.

30초 개념 ➤ 각도의 합은 자연수의 덧셈과 같은 방법으로 계산해요.

$40°+20°$의 계산 방법

$$\underline{40°+20°}=\underline{60°}$$

자연수의 덧셈과 같이 계산한 후 도(°)를 붙여요.

$40+20=60$

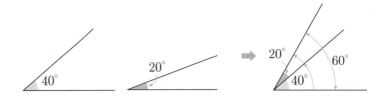

개념 익히기

 그림을 보고 각도의 합을 구해 보세요.

① 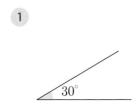 →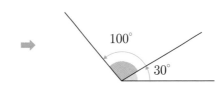

 각도를 확인하고 자연수의 덧셈과 같은 방법으로 더해요.

$30° + 100° = \boxed{130}°$

 각도의 단위인 도 (°)를 꼭 붙여요.

②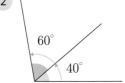

$40° + 60° = \boxed{}°$

③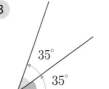

$35° + 35° = \boxed{}°$

④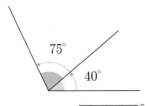

$40° + 75° = \boxed{}°$

⑤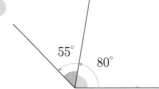

$80° + 55° = \boxed{}°$

⑥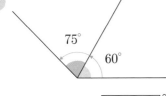

$60° + 75° = \boxed{}°$

⑦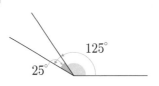

$125° + 25° = \boxed{}°$

각도의 합을 구해 보세요.

1 $20°+45°=\boxed{}°$

2 $40°+130°=\boxed{}°$

3 $35°+80°=\boxed{}°$

4 $120°+35°=\boxed{}°$

5 $110°+67°=\boxed{}°$

6 $140°+90°=\boxed{}°$

7 $50°+145°=\boxed{}°$

8 38956 $\bigcirc$ 540811

9 $120°+75°=\boxed{}°$

10 $118°+105°=\boxed{}°$

11 $95°+30°=\boxed{}°$

12 66조 6713억 $\bigcirc$ 66조 5793억

13 $125°+37°=\boxed{}°$

14 $160°+20°=\boxed{}°$

그림을 보고 각도의 합을 구해 보세요.

1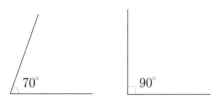

70° + 90° = 160°

2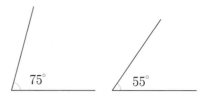

3

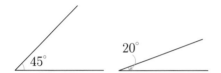

4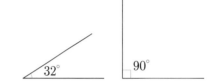

5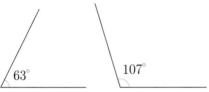

6

7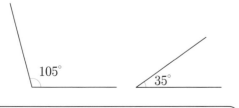

8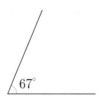

개념 키우기

✏ 문제를 해결해 보세요.

1 망원경으로 주변 풍경으로 바라보았습니다. 처음 위치에서 왼쪽으로 15° 돌려서 보고, 왼쪽으로 45° 더 돌려서 보았다면 처음 위치에서 왼쪽으로 모두 몇 도(°)만큼 돌려서 보았을까요?

식_____　답_____°

2 사람과 동물의 양쪽 눈으로 볼 수 있는 시야는 각각 다르다고 합니다. 사람, 말, 올빼미의 시야를 비교해 보려고 합니다. 그림을 보고 물음에 답하세요. (시야는 시력이 미치는 범위를 말합니다.)

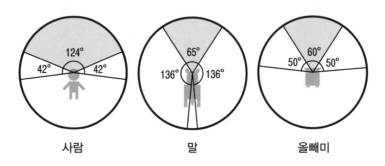

사람　　　　　말　　　　　올빼미

(1) 사람이 볼 수 있는 전체 시야는 몇 도(°)인가요?

식_____　답_____°

(2) 말이 볼 수 있는 전체 시야는 몇 도(°)인가요?

식_____　답_____°

(3) 올빼미가 볼 수 있는 전체 시야는 몇 도(°)인가요?

식_____　답_____°

(4) 더 넓은 각도로 볼 수 있는 것부터 순서대로 써 보세요.

(　　　　,　　　　,　　　　)

개념 다시보기

✏️ 각도의 합을 구해 보세요.

1
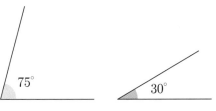

$$75° + 30° = \boxed{}°$$

2
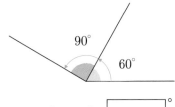

$$60° + 90° = \boxed{}°$$

3
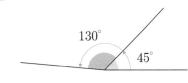

$$45° + 130° = \boxed{}°$$

4　$25° + 50° = \boxed{}°$

5　$130° + 20° = \boxed{}°$

6　$45° + 80° = \boxed{}°$

7　$115° + 60° = \boxed{}°$

도전해 보세요

1 각도를 비교하여 ◯ 안에 >, =, <를 알맞게 써넣으세요.

$$45° + 110° \bigcirc 125° + 20°$$

2 각도의 차를 구해 보세요.

(1) $70° - 20° =$

(2) $110° - 45° =$

개념연결

3-1덧셈과 뺄셈	4-1각도	각도의 차 구하기	4-1각도
받아내림이 있는 뺄셈	각도의 합 구하기		삼각형의 세 각의 크기의 합
$120-50=\boxed{70}$	$80°+50°=\boxed{130}°$	$130°-50°=\boxed{80}°$	

배운 것을 기억해 볼까요?

1 (1) $42-17=$

(2) $72-18=$

2 (1) $120-25=$

(2) $155-70=$

3 (1) $70°+35°=$

(2) $40°+85°=$

4 (1) $120°+20°=$

(2) $155°+25°=$

각도의 차를 구할 수 있어요.

30초 개념 각도의 차는 자연수의 뺄셈과 같은 방법으로 계산해요.

$120°-70°$의 계산 방법

$$120°-70°=50°$$

$120-70=50$

자연수의 뺄셈과 같이 계산 후
도(°)를 붙여요.

개념 익히기

그림을 보고 각도의 차를 구해 보세요.

1

 각도를 확인하고 자연수의 뺄셈과 같은 방법으로 빼요.

$150° - 80° = \boxed{70}°$

각도의 단위인 도(°)를 꼭 붙여요.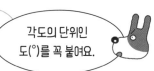

2

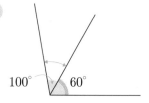

$100° - 60° = \boxed{}°$

3

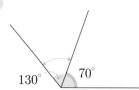

$130° - 70° = \boxed{}°$

4

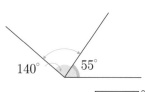

$140° - 55° = \boxed{}°$

5

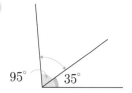

$95° - 35° = \boxed{}°$

6

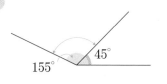

$155° - 45° = \boxed{}°$

7

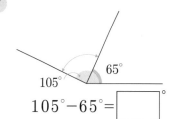

$105° - 65° = \boxed{}°$

각도의 차를 구해 보세요.

1 $120° - 45° = \boxed{}°$

2 $140° - 90° = \boxed{}°$

3 $135° - 50° = \boxed{}°$

4 $125° - 45° = \boxed{}°$

5 $110° - 60° = \boxed{}°$

6 $145° - 80° = \boxed{}°$

7 $150° - 145° = \boxed{}°$

8 $125° + 75° = \boxed{}°$

9 $115° - 45° = \boxed{}°$

10 $100° - 73° = \boxed{}°$

11 $105° - 30° = \boxed{}°$

12 $95° + 38° = \boxed{}°$

13 $125° - 53° = \boxed{}°$

14 $160° - 40° = \boxed{}°$

그림을 보고 각도의 차를 구해 보세요.

1

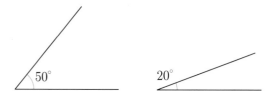

$$50° - 20° = 30°$$

2

3

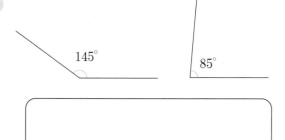

4

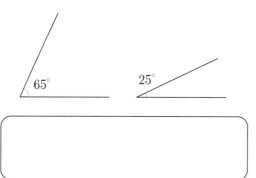

5

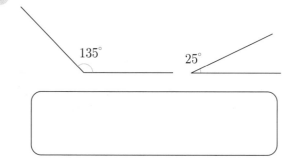

6

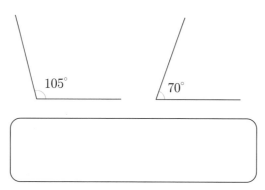

7

8

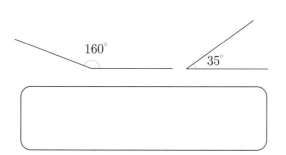

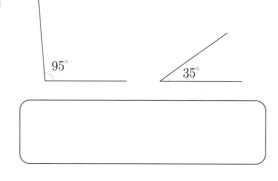

개념 키우기

 문제를 해결해 보세요.

1 이안이와 서윤이가 펼친 부채의 각도의
차를 구해 보세요.

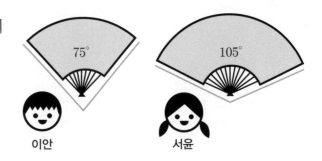

식_____ 답_____°

2 운동 기구의 각도를 **가**에서 **나**로 더 높이
려면 몇 도(°)를 더 높여야 할까요?

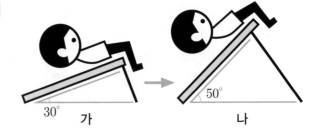

식_____ 답_____°

3 시계의 긴바늘과 짧은바늘은 각을 이룹니다.
그림을 보고 물음에 답하세요.

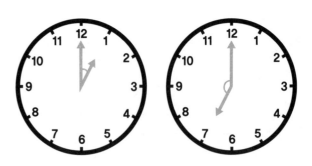

(1) 시각이 1시 정각일 때 작은 쪽의 각의 크기는 몇 도(°)인가요?

( )°

(2) 시각이 7시 정각일 때 작은 쪽의 각의 크기는 몇 도(°)인가요?

( )°

(3) 1시 정각과 7시 정각의 각도의 차를 구해 보세요.

식_____ 답_____°

개념 다시보기

 각도의 차를 구해 보세요.

1

 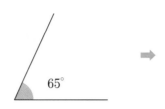 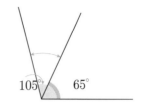

$$105° - 65° = \boxed{}°$$

2

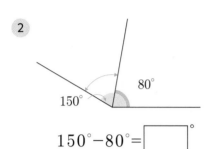

$$150° - 80° = \boxed{}°$$

3

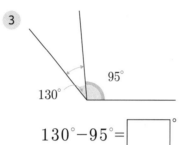

$$130° - 95° = \boxed{}°$$

4 $125° - 50° = \boxed{}°$

5 $140° - 85° = \boxed{}°$

6 $145° - 105° = \boxed{}°$

7 $115° - 90° = \boxed{}°$

도전해 보세요

1 각도를 비교하여 ◯ 안에 >, =, <를 알맞게 써넣으세요.

$$143° - 55° \bigcirc 120° - 20°$$

2 삼각자 2개를 겹쳐 놓았을 때, ☐ 안에 알맞은 각도를 써넣으세요.

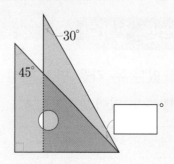

개념연결

2-1여러 가지 도형	4-1각도	삼각형의 세 각의 크기의 합	4-1각도

삼각형 알기

삼각형

각도의 합과 차 구하기

$80°, 20°$

합: 100 차: 60

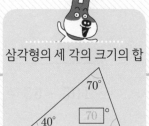

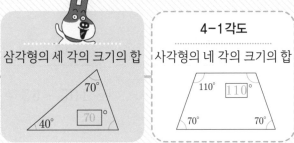

사각형의 네 각의 크기의 합

배운 것을 기억해 볼까요?

1

$65° + 100° =$

2

$105° - 50° =$

삼각형의 세 각의 크기의 합을 구할 수 있어요.

30초 개념 ▶ 삼각형의 세 각의 크기의 합은 $180°$예요.

삼각형의 세 각의 크기의 합

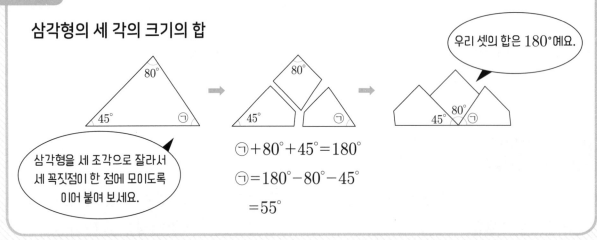

우리 셋의 합은 $180°$예요.

삼각형을 세 조각으로 잘라서 세 꼭짓점이 한 점에 모이도록 이어 붙여 보세요.

$$㉠ + 80° + 45° = 180°$$
$$㉠ = 180° - 80° - 45°$$
$$= 55°$$

이런 방법도 있어요!

알고 있는 두 각을 먼저 더한 후 $180°$에서 뺄 수도 있어요.

$$㉠ + 80° + 45° = 180°$$
$$㉠ + 125° = 180°$$
$$㉠ = 180° - 125°$$
$$= 55°$$

그림을 보고 삼각형의 세 각의 크기의 합을 구해 보세요.

1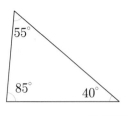

$$55° + 85° + 40° = \boxed{180}°$$

2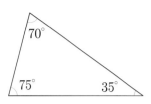

$$70° + 75° + 35° = \boxed{}°$$

세 각의 크기를 확인하고
자연수의 덧셈과 같은
방법으로 계산해요.

3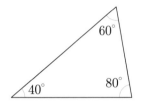

$$60° + \boxed{}° + 80° = \boxed{}°$$

4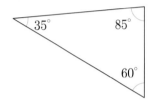

$$85° + 35° + \boxed{}° = \boxed{}°$$

5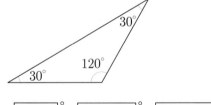

$$30° + \boxed{}° + \boxed{}° = \boxed{}°$$

6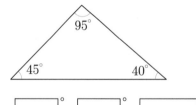

$$95° + \boxed{}° + \boxed{}° = \boxed{}°$$

(직각)은
90°예요.

7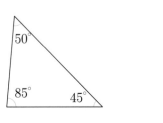

$$\boxed{}° + \boxed{}° + \boxed{}° = \boxed{}°$$

8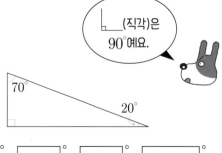

$$\boxed{}° + \boxed{}° + \boxed{}° = \boxed{}°$$

□ 안에 알맞은 수를 써넣으세요.

1
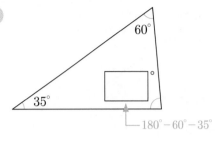
60°
35°
☐°
$180° - 60° - 35°$

180°에서 알고 있는
두 각을 빼요.

2
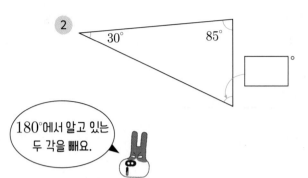
30°
85°
☐°

3

☐°
110°   43°

4
$\left.\begin{array}{l} 1000만이\ 3개 \\ 100만이\ 4개 \\ 10만이\ 7개 \\ 1만이\ 3개 \end{array}\right\}$ 이면 [   ]

5
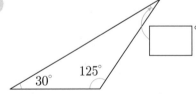
30°   125°   ☐°

6
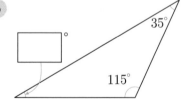
☐°
115°   35°

7
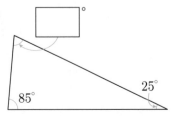
☐°
85°   25°

8
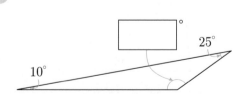
☐°
10°   25°

삼각형의 세 각의 크기가 다음과 같을 때 ㉠ 또는 ㉠+㉡을 구해 보세요.

1
$$20°, 45°, ㉠$$

㉠$= 180° - 20° - 45°$
$= 115°$

2
$$100°, 35°, ㉠$$

3
$$㉠, 115°, 60°$$

4
$$20°, ㉠, 85°$$

5
$$115°, ㉠, 35°$$

6
$$50°, 75°, ㉠$$

7
$$110°와 55°의 합$$

8
$$㉠, ㉡, 45°$$

9
$$15°, ㉠, ㉡$$

10
$$110°와 55°의 차$$

개념 키우기

✏️ 문제를 해결해 보세요.

1 야구 선수 3명이 공을 주고받으면서 만들고 있는 삼각형의 세 각의 크기의 합을 구해 보세요.

(　　　　　　　　)°

2 검은색의 정오각형 12개와 흰색의 정육각형 20개를 이어서 만든 축구공은 1970년 멕시코에서 열린 제9회 FIFA 월드컵 때 처음으로 사용되기 시작하였습니다. 물음에 답하세요.

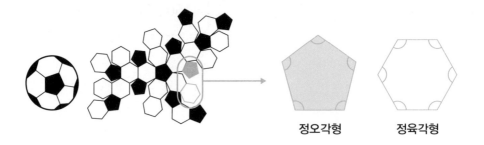

정오각형　　　정육각형

(1) 정오각형 안에 꼭짓점끼리 겹치지 않게 선분을 그으면 삼각형 몇 개로 나눌 수 있나요?

(　　　　　　　　)개

(2) 정오각형의 다섯 각의 크기의 합을 구해 보세요.

(　　　　　　　　)°

(3) 정육각형 안에 꼭짓점끼리 겹치지 않게 선분을 그으면 삼각형 몇 개로 나눌 수 있나요?

(　　　　　　　　)개

(4) 정육각형의 여섯 각의 크기의 합을 구해 보세요.

(　　　　　　　　)°

개념 다시보기

 ▢ 안에 알맞은 수를 써넣으세요.

1
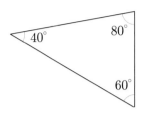

$80° + 40° + 60° = \boxed{}°$

2
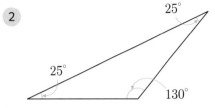

$25° + 25° + 130° = \boxed{}°$

3
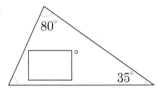

4
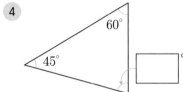

5
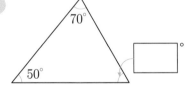

6
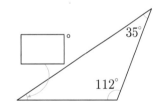

도전해 보세요

1 ◯ 안에 >, =, <를 알맞게 써넣으세요.

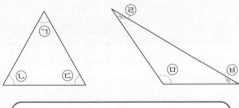

$ㄱ + ㄴ + ㄷ \bigcirc ㄹ + ㅁ + ㅂ$

2 그림에서 ㉠의 각도를 구해 보세요.

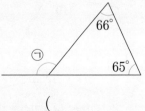

(　　　　　)°

개념연결

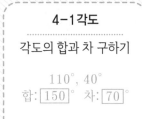

4-1각도

각도의 합과 차 구하기

110°, 40°
합: 150° 차: 70°

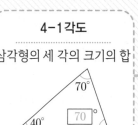

4-1각도

삼각형의 세 각의 크기의 합

70°
40° 70°

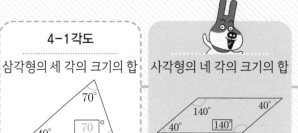

사각형의 네 각의 크기의 합

140° 40°
40° 140°

4-2사각형

사각형 분류하기

사다리꼴 평행사변형

배운 것을 기억해 볼까요?

1   120°+45° •   • 115°

    80°+35° •   • 165°

2   120°−45° •   • 45°

    80°−35° •   • 75°

사각형의 네 각의 크기의 합을 구할 수 있어요.

30초 개념 ▶ 사각형의 네 각의 크기의 합은 360°예요.

사각형의 네 각의 크기의 합

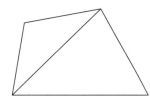

사각형에 대각선을 그으면 삼각형이 2개 만들어져요.
삼각형 하나의 세 각의 크기의 합이 180°이므로
사각형의 네 각의 크기의 합은 180°×2=360°예요.

이런 방법도 있어요!

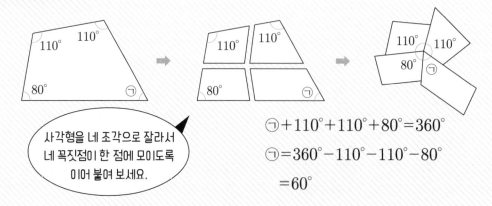

사각형을 네 조각으로 잘라서
네 꼭짓점이 한 점에 모이도록
이어 붙여 보세요.

㉠+110°+110°+80°=360°

㉠=360°−110°−110°−80°

=60°

개념 익히기

그림을 보고 사각형의 네 각의 크기의 합을 구해 보세요.

1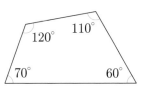

$120° + 70° + 60° + 110° = \boxed{360}°$

네 각의 크기를 확인하고 자연수의 덧셈과 같은 방법으로 계산해요.

2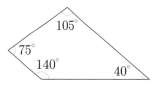

$105° + 75° + 140° + 40° = \boxed{}°$

3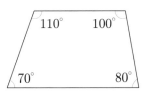

$110° + 70° + 80° + \boxed{}° = \boxed{}°$

4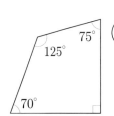

직각은 90°예요

$125° + 70° + \boxed{}° + 75° = \boxed{}°$

5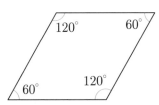

$120° + \boxed{}° + 120° + \boxed{}°$

$= \boxed{}°$

6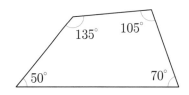

$135° + \boxed{}° + \boxed{}° + 105°$

$= \boxed{}°$

7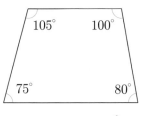

$105° + 100° + \boxed{}° + \boxed{}°$

$= \boxed{}°$

8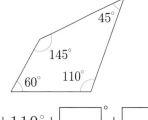

$145° + 110° + \boxed{}° + \boxed{}°$

$= \boxed{}°$

개념 다지기

 ☐ 안에 알맞은 수를 써넣으세요.

1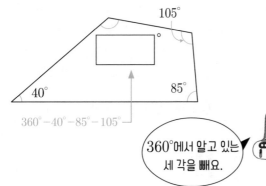

$360° - 40° - 85° - 105°$

360°에서 알고 있는 세 각을 빼요.

2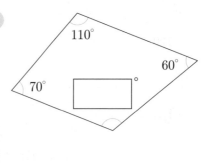

3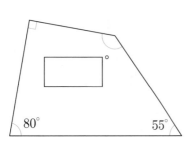

4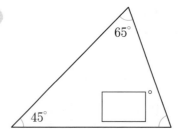

5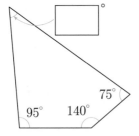

6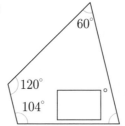

7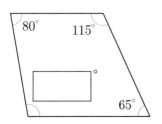

8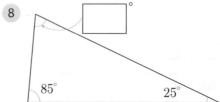

사각형의 네 각이 다음과 같을 때 ㉠ 또는 ㉠+㉡을 구해 보세요.

1 120°, 45°, 40°, ㉠

㉠ = 360° - 120° - 45° - 40°
  = 155°

2 100°, 35°, 105°, ㉠

3 45°, ㉠, 115°, 60°

4 130°, 20°, ㉠, 80°

5 ㉠, 115°, 35°, 80°

6 150°, ㉠, 50°, 75°

7 150°와 65°의 차

8 120°, ㉠, 80°, ㉡

9 105°, ㉠, ㉡, 135°

10 160°와 90°의 합

✎ 문제를 해결해 보세요.

1 방패연과 가오리연의 네 각의 크기의 합을 각각 구해 보세요.

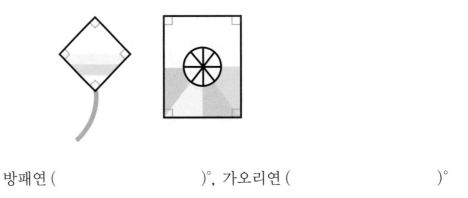

방패연 (　　　　　　　　　　)°, 가오리연 (　　　　　　　　　　)°

2 그림은 모양과 크기가 같은 직각삼각형 2개를 겹친 것입니다. 물음에 답하세요.

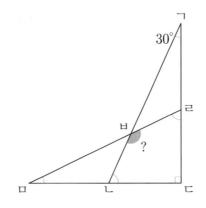

(1) 삼각형 ㄱㄴㄷ에서 각 ㄱㄴㄷ의 크기는 몇 도(°)인가요?

(　　　　　　　　　　)°

(2) 삼각형 ㅁㄹㄷ에서 각 ㅁㄹㄷ의 크기는 몇 도(°)인가요?

(　　　　　　　　　　)°

(3) 사각형 ㅂㄴㄷㄹ에서 각 ㄹㅂㄴ의 크기는 몇 도(°)인가요?

(　　　　　　　　　　)°

개념 다시보기

 □ 안에 알맞은 수를 써넣으세요.

1

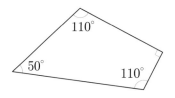

$$110°+50°+110°+90°=\boxed{}°$$

2

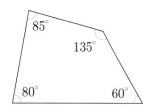

$$85°+80°+60°+135°=\boxed{}°$$

3

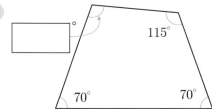

4

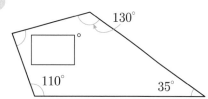

5

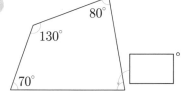

6

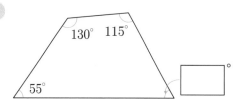

도전해 보세요

1 사각형의 네 각의 크기를 재어 다음과 같이 표시하였습니다. 각의 크기를 잘못 잰 사각형은 어느 것인가요?

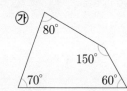 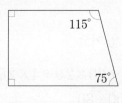

(　　　　　　　)

2 ㉠의 각도를 구해 보세요.

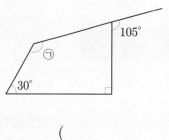

(　　　　　　　)°

12단계 (세 자리 수)×(몇십)

개념연결

3-2곱셈	3-2곱셈		4-1곱셈과 나눗셈
(세 자리 수)×(한 자리 수)	(몇십몇)×(몇십)	(세 자리 수)×(몇십)	(세 자리 수)×(두 자리 수)
212×2=424	35×20=700	212×20=4240	212×12=2544

배운 것을 기억해 볼까요?

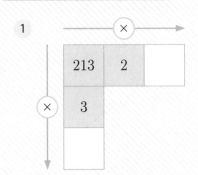

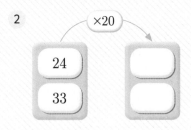

(세 자리 수)×(몇십)을 할 수 있어요.

30초 개념 ▶ (세 자리 수)×(몇)을 10배 하면 (세 자리 수)×(몇십)이 돼요.

234×20의 계산 방법

$234× 2=468$

$234×20=4680$ ◀ 10배

234×2를 계산한 값에
0을 1개 붙여요.

$$
\begin{array}{r}
2\ 3\ 4 \\
\times \quad\ 2 \\
\hline
4\ 6\ 8
\end{array}
\Rightarrow
\begin{array}{r}
2\ 3\ 4 \\
\times \quad 2\ 0 \\
\hline
4\ 6\ 8\ 0
\end{array}
$$
◀ 0을 1개 붙여요.

234×2=468

이런 방법도 있어요!

234를 200+30+4로 나누어 가로로 계산할 수 있어요.

$$234×20=200×20+30×20+4×20$$
$$=4000+600+80$$
$$=4680$$

80
600
4000

개념 익히기

계산해 보세요.

1.

		1	3	2
	×		2	0
		2	6	4	0

일의 자리에 0을 먼저 쓰고 순서대로 계산해요.

2.

		2	0	0
	×		4	0
		0	0	0

0을 먼저 모두 쓰고 계산하면 더 쉬워요.

3.

	3	0	0
×		2	0

4.

	3	0	0
×		3	0

5.

	3	3	0
×		2	0

6.

	1	1	0
×		4	0

7.

	1	3	2
×		3	0

8.

	2	1	3
×		2	0

9.

	1	2	1
×		4	0

10.

	2	1	3
×		3	0

11.

	2	2	2
×		4	0

 덤

올림이 없는 경우 백의 자리부터 계산할 수도 있어요.

	2	3	1
×		3	0
6	9	3	0

계산해 보세요.

1

	2	5	0
×		3	0
7	5	0	0

2

	3	2	0
×		7	0

3

	4	3	0
×		5	0

올림이 있으면 올림한 수를 꼭 더해야 해요.

4

	2	4	0
×		8	0

5

	5	7	0
×		6	0

6

	1	2	3
+		7	7

7

	4	3	2
×		4	0

8

3	2	7
×	2	0

9

	4	1	3
×		3	0

10

	5	2	6
×		7	0

11

5	1	3
−	8	5

12

	3	3	3
×		5	0

계산해 보세요.

① 164×20

	1	6	4
×		2	0
3	2	8	0

② 340×30

③ 270×40

④ 530×3

⑤ 360×30

⑥ 216×40

⑦ 157×50

⑧ 428+95

⑨ 454×70

⑩ 348×40

⑪ 256−69

⑫ 115×30

문제를 해결해 보세요.

① 사과 한 개의 무게는 320 g입니다. 사과 30개의 무게는 몇 g인가요?

식_____ 답_____ g

② 한 번에 승객을 234명 태울 수 있는 비행기가 있습니다. 이 비행기가 한 달 동안 20회 운행하면 한 달 동안 이 비행기에 탈 수 있는 승객은 모두 몇 명인가요?

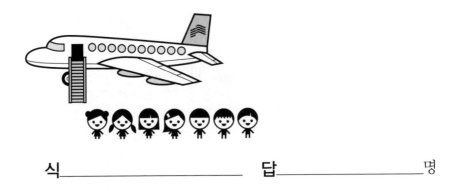

식_____ 답_____명

③ 어느 마라톤 선수가 1분 동안 313 m를 달립니다. 물음에 답하세요.

(1) 이 선수가 같은 빠르기로 20분 동안 달린 거리를 구할 수 있는 식을 써 보세요.

식_____

(2) 20분 동안 달린 거리는 몇 m인가요?

( )m

(3) 20분 동안 달린 거리는 몇 km 몇 m인가요?

( )km ( )m

개념 다시보기

✏️ 계산해 보세요.

①
```
      3 0 0
  ×     3 0
  ─────────
```

②
```
      2 0 0
  ×     4 0
  ─────────
```

③
```
      1 3 0
  ×     2 0
  ─────────
```

④
```
      3 1 1
  ×     3 0
  ─────────
```

⑤
```
      5 2 0
  ×     5 0
  ─────────
```

⑥
```
      3 5 0
  ×     4 0
  ─────────
```

⑦
```
      2 2 3
  ×     9 0
  ─────────
```

⑧
```
      1 1 2
  ×     8 0
  ─────────
```

⑨
```
      7 4 3
  ×     3 0
  ─────────
```

도전해 보세요

① 수 카드 1 , 2 , 3 , 4 를 한 번씩만
사용하여 주어진 식을 곱이 가장 큰 곱
셈식으로 만들어 보세요.

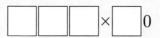
□□□×□0

② 계산해 보세요.

(1)
```
    2 1 2
  ×  3 4
```

(2)
```
    3 2 3
  ×  2 1
```

올림이 없는
13단계 (세 자리 수)×(두 자리 수)

개념연결

3-2곱셈	4-1곱셈과 나눗셈		4-1곱셈과 나눗셈
(세 자리 수)×(한 자리 수)	(세 자리 수)×(몇십)	올림이 없는 (세 자리 수)×(두 자리 수)	올림이 있는 (세 자리 수)×(두 자리 수)
132×3=396	132×20=2640	132×23=3036	264×23=6072

배운 것을 기억해 볼까요?

1 (1) 231×3=

   (2) 422×2=

2 (1) 120×20=

   (2) 432×20=

올림이 없는 (세 자리 수)×(두 자리 수)를 할 수 있어요.

30초 개념 ▶ 곱하는 두 자리 수를 일의 자리 수와 십의 자리 수로 나누어 각각 계산한 후 더해요.

212×34의 계산 방법

① 212×4의 계산

```
    2 1 2
×     3 4
    8 4 8  ←212×4
```

② 212×30의 계산

```
    2 1 2
×     3 4
    8 4 8
  6 3 6 0  ←212×30
```

③ ①과 ②의 합

```
      2 1 2
×       3 4
      8 4 8
  6 3 6 0  0을 생략할 수 있어요.
  7 2 0 8  ←848+6360
```

이런 방법도 있어요!

212×34는 212×4와 212×30을 계산하여 더하는 것과 같아요.

$$212×34=212×30+212×4=6360+848=7208$$

30+4

개념 익히기

✏️ 계산해 보세요.

곱하는 두 자리 수를 일의 자리 수와 십의 자리 수로 나누어 각각 곱한 후 더해요.

①

```
      1  3  2
  ×      2  3
  ─────────────
      3  9  6    ← 132×3
  2  6  4  0    ← 132×20
  ─────────────
  3  0  3  6
```

②

```
      2  3  4
  ×      3  2
  ─────────────
                 ← 234×2
                 ← 234×30
  ─────────────
```

③

```
      3  3  0
  ×      2  2
  ─────────────
                 ← □×□
                 ← □×□
  ─────────────
```

④

```
      2  2  0
  ×      4  3
  ─────────────
                 ← □×□
                 ← □×□
  ─────────────
```

⑤

```
      1  2  1
  ×      4  2
  ─────────────
                 ← □×□
                 ← □×□
  ─────────────
```

⑥

```
      2  4  0
  ×      2  1
  ─────────────
                 ← □×□
                 ← □×□
  ─────────────
```

⑦

```
      3  2  3
  ×      2  3
  ─────────────
                 ← □×□
                 ← □×□
  ─────────────
```

⑧

```
      2  0  0
  ×      3  4
  ─────────────
                 ← □×□
                 ← □×□
  ─────────────
```

계산해 보세요.

1
```
      3  1  2
×        3  2
```

2
```
      2  1  3
×        3  1
```

3
```
      4  1  3
×        1  2
```

4
```
   2  0  3
×     2  2
```

5
```
   2  1  3
×     2  3
```

6
```
         8  0
×     6  0
```

7
```
   4  1  2
×     2  2
```

8
```
   3  3  3
×     2  3
```

9
```
   1  2  2
×     4  2
```

10
```
      3  1  0
×        3  3
```

11
```
      9  0
×  7  0
```

12
```
      2  3  0
×     3  2
```

✎ 계산해 보세요.

1 121×23

```
      1  2  1
  ×      2  3
      3  6  3
   2  4  2
   2  7  8  3
```

말풍선: 덧셈에서
받아올림한 수를 작게 표시해도
좋아요.

2 210×43

3 230×31

4 223×33

5 212×42

6 323×23

7 414×22

8 403×21

9 202×34

개념 키우기

 문제를 해결해 보세요.

1 연필이 한 상자에 430자루씩 들어 있습니다.
22상자에는 연필이 모두 몇 자루 들어 있나요?

식_____ 답_____자루

2 어느 학교 학생들이 하루에 마시는 우유가 212개입니다.
학생들이 31일 동안 마신 우유는 모두 몇 개인가요?

식_____ 답_____개

3 사용하지 않는 가전제품의 전기 코드를 뽑아 놓으면 전기 요금을 절약할 수 있다고 합니다.
표를 보고 물음에 답하세요.

하루 동안 절약되는 전기 요금	헤어드라이기	텔레비전
	132원	202원

(1) 헤어드라이기의 경우 한 달(31일) 동안 전기 요금을 얼마나 절약할 수 있나요?

식_____ 답_____원

(2) 텔레비전의 경우 한 달(31일) 동안 전기 요금을 얼마나 절약할 수 있나요?

식_____ 답_____원

(3) 헤어드라이기와 텔레비전의 전기 코드를 사용하지 않을 때 모두 뽑아 놓으면
한 달(31일) 동안 전기 요금을 얼마나 절약할 수 있나요?

( )원

개념 다시보기

✏️ 계산해 보세요.

①

```
    1 2 1
  ×   3 3
```

②

```
    3 2 0
  ×   2 1
```

③

```
    4 1 3
  ×   2 2
```

④

```
    3 1 2
  ×   3 2
```

⑤

```
    2 0 1
  ×   3 4
```

⑥

```
    1 2 4
  ×   1 2
```

도전해 보세요

① 잘못된 부분을 찾아 바르게 계산해 보세요.

```
      2 2 3
  ×   2 3
  ─────────
      6 6 9
      4 4 6
  ─────────
  1 1 1 5
```
 ➡️

② 계산해 보세요.

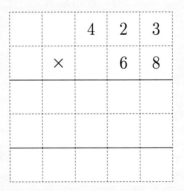

```
      4 2 3
  ×   6 8
```

올림이 있는
14단계 (세 자리 수)×(두 자리 수)

개념연결

3-2곱셈	4-1곱셈과 나눗셈	올림이 있는	5-1자연수의 혼합 계산
(세 자리 수)×(한 자리 수)	올림이 없는 (세 자리 수)×(두 자리 수)	(세 자리 수)×(두 자리 수)	덧셈과 곱셈
145×4=580	145×11=1595	145×24=3480	3+5×7=38

배운 것을 기억해 볼까요?

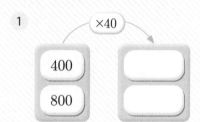

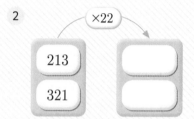

올림이 있는 (세 자리 수)×(두 자리 수)를 할 수 있어요.

30초 개념 곱하는 두 자리 수를 일의 자리 수와 십의 자리 수로 나누어 각각 계산한 후 더해요. 올림이 있으면 잘 기억하여 바로 윗자리에 작게 적어요.

268×64의 계산 방법

```
      2 6 8              2 3              4 4
          2 6 8            2 6 8
  ×     6 4       ×       4       ×     6 0
  1 0 7 2         1 0 7 2         1 6 0 8 0
1 6 0 8 0
1 7 1 5 2
```

64를 60과 4로 나누어 각각 곱해요.

이런 방법도 있어요!

$$268×64=268×60+268×4=16080+1072=17152$$
60+4

개념 익히기

 계산해 보세요.

곱하는 두 자리 수를
일의 자리 수와
십의 자리 수로
나누어 각각 곱한 후
더해요.

①

		3	8	5
	×		3	4
1	5	4	0		← 385×4
1	1	5	5	0	← 385×30
1	3	0	9	0

②

		6	5	0
	×		7	3
					← 650×3
					← 650×70

③

		5	1	7
	×		3	6

← □×□
← □×□

④

		4	9	0
	×		2	9

← □×□
← □×□

⑤

		6	8	9
	×		5	8

← □×□
← □×□

⑥

		7	0	9
	×		3	7

← □×□
← □×□

⑦

		4	6	2
	×		5	8

← □×□
← □×□

⑧

		3	2	6
	×		8	4

← □×□
← □×□

계산해 보세요.

1

```
      3 7 4
  ×     5 2
```

2

```
      6 8 5
  ×     3 6
```

3

```
      4 2 9
  ×     7 4
```

4

```
      2 7 3
  ×     4 6
```

5

```
      4 5 6
  ×     2 4
```

6

```
      2 4 0
  ×     9 0
```

7

```
      9 7 4
  ×     8 3
```

8

```
      7 3 0
  ×     9 5
```

9

```
      5 4 7
  ×     5 3
```

10

```
      8 1 6
  ×     4 4
```

11

```
      5 2 6
  ×     7 0
```

12

```
      6 4 8
  ×     6 4
```

✏️ 계산해 보세요.

① 276×58

```
      2  7  6
   ×     5  8
   2  2  0  8
1  3  8  0
1  6  0  0  8
```

② 403×27

③ 350×49

④ 455×63

⑤ 268×76

⑥ 910×30

⑦ 605×92

⑧ 534×84

⑨ 746×37

✏️ 문제를 해결해 보세요.

1. 온유는 아침에 25분씩 걷기 운동을 했습니다. 1년을 365일로 계산한다면 온유가 1년 동안 아침에 걷기 운동을 한 시간은 모두 몇 분인가요?

식_____ 답_____분

2. 어떤 물건을 만들거나 사용할 때 나오는 이산화탄소의 양을 '탄소 발자국'이라고 합니다. 탄소 발자국은 지구의 환경 오염에 영향을 주기 때문에 줄이는 것이 중요합니다. 일상생활에서 탄소 발자국을 얼마나 줄일 수 있는지를 나타낸 표를 보고 물음에 답하세요.

일회용 컵 사용	11 g	노트북 10시간	258 g
샤워 15분	86 g	TV 2시간	129 g
헤어드라이기 5분	43 g	냉장고 24시간	554 g
화장실 1회	76 g	전기밥솥 10시간(보온 포함)	752 g
세탁기 1시간	791 g	형광등 10시간	103 g

(1) 매일 TV 시청 시간을 2시간씩 줄이면 한 달(31일) 동안 탄소 발자국을 몇 g 줄일 수 있나요?

식_____ 답_____g

(2) 매일 헤어드라이기 사용 시간을 5분씩 줄이면 한 달(31일) 동안 탄소 발자국을 몇 g 줄일 수 있나요?

식_____ 답_____g

(3) 매일 TV 시청 시간을 2시간씩 줄이고 헤어드라이기 사용 시간을 5분씩 줄이면 한 달(31일) 동안 탄소 발자국을 모두 몇 g 줄일 수 있나요?

식_____ 답_____g

개념 다시보기

 계산해 보세요.

①
```
    2 7 6
×     4 2
```

②
```
    4 5 0
×     6 3
```

③
```
    5 6 3
×     3 2
```

④
```
    6 8 5
×     2 7
```

⑤
```
    3 5 6
×     5 4
```

⑥
```
    5 2 6
×     9 5
```

도전해 보세요

① ☐ 안에 알맞은 수를 써넣으세요.

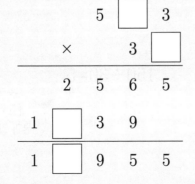
```
      5 ☐ 3
×       3 ☐
    2 5 6 5
  1 ☐ 3 9
  1 ☐ 9 5 5
```

② 계산해 보세요.

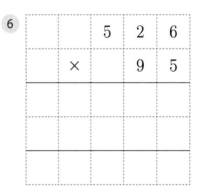
```
    5 6 0 0
×       2 4
```

개념연결

3-1나눗셈	3-2나눗셈	몇십으로 나누기	4-1곱셈과 나눗셈
나눗셈의 몫을 곱셈식으로 구하기	(몇십)÷(몇)		몇십몇으로 나누기
$8×\boxed{4}=32$, $32÷8=\boxed{4}$	$70÷2=\boxed{35}$	$180÷30=\boxed{6}$	$108÷12=\boxed{9}$

배운 것을 기억해 볼까요?

1 (1) $15÷3=$

   (2) $24÷4=$

2 (1) $60÷2=$

   (2) $70÷5=$

나머지가 없는 (세 자리 수)÷(몇십)을 할 수 있어요.

30초 개념 ▶ 곱셈구구를 이용해서 나누는 수가 몇 번 들어가는지 계산해요.

150÷30의 계산 방법

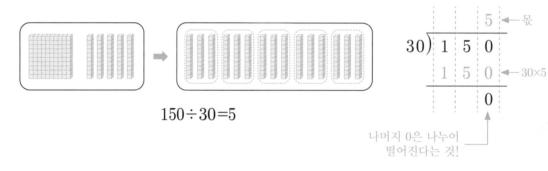

$150÷30=5$

나머지 0은 나누어
떨어진다는 것!

이런 방법도 있어요!

나누어지는 수와 나누는 수의 뒤에 있는 0을
하나씩 지우고 나눗셈을 할 수 있어요.

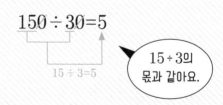

$15÷3의$
몫과 같아요.

개념 익히기

 계산해 보세요.

1

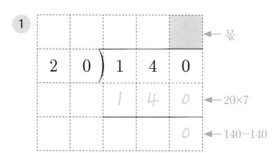

← 몫

$$20\,)\,\overline{1\ 4\ 0}$$
$$\quad\ \ 1\ 4\ 0 \leftarrow 20×7$$
$$\quad\qquad\ 0 \leftarrow 140-140$$

2

$$70\,)\,\overline{4\ 9\ 0}$$
← 70×7

> 나누는 수가
> 몇 번 들어가는지 생각하고
> 자릿수를 맞춰 몫을 써요.

3

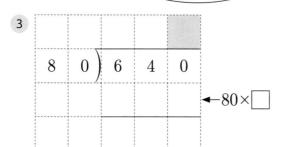

$$80\,)\,\overline{6\ 4\ 0}$$
←80×☐

4

$$40\,)\,\overline{2\ 4\ 0}$$
←40×☐

5

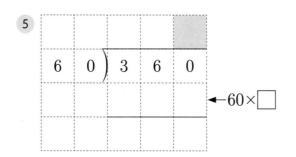

$$60\,)\,\overline{3\ 6\ 0}$$
←60×☐

6

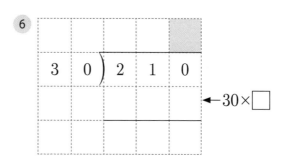

$$30\,)\,\overline{2\ 1\ 0}$$
←30×☐

7

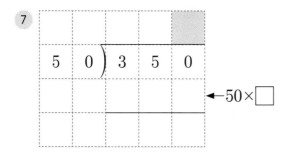

$$50\,)\,\overline{3\ 5\ 0}$$
←50×☐

8

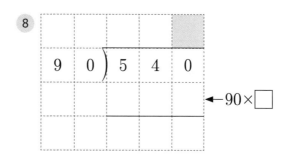

$$90\,)\,\overline{5\ 4\ 0}$$
←90×☐

몫을 구해 보세요.

1 6 0) 1 2 0

2 7 0) 4 2 0

3 8 0) 4 8 0

4 3 0) 2 7 0

5 4) 2 4 0

6
		2	7	5
-			8	9

7 5 0) 1 5 0

8 4 0) 2 0 0

9 8 0) 3 2 0

10 6) 3 6 0

11 7 0) 2 8 0

12 5 0) 2 5 0

✎ 계산해 보세요.

① 560÷70

				8
7	0)	5	6	0
		5	6	0
				0

② 480÷60

③ 630÷90

④ 240÷80

⑤ 320÷40

⑥ 270÷3

⑦ 560÷80

⑧ 180÷20

개념 키우기

 문제를 해결해 보세요.

1 연결큐브 120개를 30명이 똑같이 나누어 사용하려고 합니다.
한 사람이 몇 개씩 사용할 수 있나요?

식_____ 답_____개

2 색연필 180자루가 있습니다. 한 상자에 20자루씩 포장하면, 모두 몇 상자가 되나요?

식_____ 답_____상자

3 매년 봄이 되면 우리나라에서는 국제 꽃 박람회가 열립니다. 꽃 박람회를 맞이하여 꽃밭에 노란
튤립 320송이, 분홍 장미 400송이를 심으려고 합니다. 그림을 보고 물음에 답하세요.

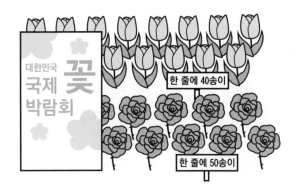

(1) 노란 튤립을 한 줄에 40송이씩 심었습니다. 모두 몇 줄을 심었나요?

식_____ 답_____줄

(2) 분홍 장미를 한 줄에 50송이씩 심었습니다. 모두 몇 줄을 심었나요?

식_____ 답_____줄

(3) 노란 튤립과 분홍 장미를 모두 몇 줄 심었나요?

( )줄

개념 다시보기

 계산해 보세요.

1
```
6 0 ) 2 4 0
```

2
```
8 0 ) 3 2 0
```

3
```
4 0 ) 3 6 0
```

4
```
2 0 ) 1 6 0
```

5
```
3 0 ) 2 1 0
```

6
```
4 0 ) 2 4 0
```

도전해 보세요

1 몫이 다른 하나를 찾아 ◯표 하세요.

640÷80

480÷60   360÷90

240÷30

2 계산해 보세요.

```
3 0 ) 1 5 2
```

몫:_____ 나머지:_____

16단계 나머지가 있는 (세 자리 수)÷(몇십)

개념연결

3-2 나눗셈	3-2 나눗셈	몇십으로 나누기	4-1 곱셈과 나눗셈
(몇십)÷(몇)	(몇십몇)÷(몇)		몇십몇으로 나누기
50÷2= 25	16÷3= 5 … 1	163÷20= 8 … 3	163÷23= 7 … 2

배운 것을 기억해 볼까요?

1 (1) 80÷5=

   (2) 90÷6=

2 (1) 35÷4= □ … □

   (2) 45÷8= □ … □

나머지가 있는 (세 자리 수)÷(몇십)을 할 수 있어요.

30초 개념 곱셈구구를 이용해서 나누는 수가 몇 번 들어가는지 몫을 어림하여 계산해요.
나머지는 나누는 수보다 항상 작아야 해요.

153÷50의 계산 방법

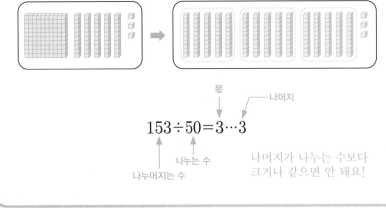

$$153 \div 50 = 3 \cdots 3$$

나머지가 나누는 수보다 크거나 같으면 안 돼요!

이런 방법도 있어요!

계산이 맞는지 확인해 볼 수 있어요.

나눗셈식 나누어지는 수 $153 \div 50 = 3 \cdots 3$ 몫, 나누는 수, 나머지

확인 $50 \times 3 = 150$ ➡ $150 + 3 = 153$

개념 익히기

✏️ 계산해 보세요.

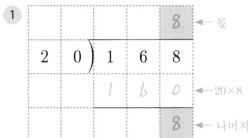

①

나누는 수가
몇 번 들어가는지
어림하고 자릿수를 맞춰
몫을 써요.

③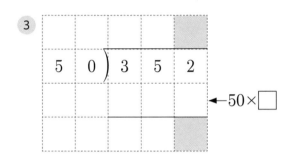

④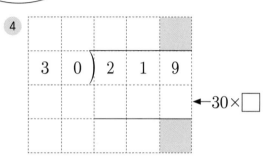

⑤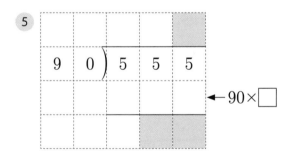

⑥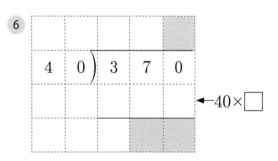

⑦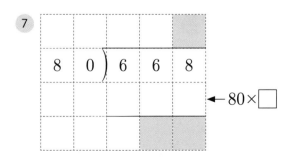

⑧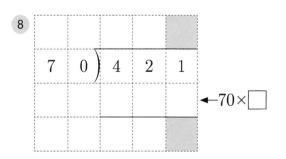

✏️ 몫과 나머지를 구해 보세요.

1
$30 \overline{)212}$

2
$50 \overline{)361}$

3
$40 \overline{)292}$

4
$60 \overline{)598}$

5
$70 \overline{)456}$

6
$80 \overline{)785}$

7
$5 \overline{)452}$

8
$90 \overline{)561}$

9
$70 \overline{)585}$

10
$4 \overline{)243}$

11
$60 \overline{)437}$

12
$80 \overline{)792}$

나눗셈을 하고 계산이 맞는지 확인해 보세요.

1 164÷40

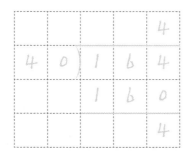

확인 40×4=160
160+4=164

2 487÷60

확인 _____

_____

3 430÷70

확인 _____

_____

4 194÷20

확인 _____

_____

5 509÷90

확인 _____

_____

6 235÷30

확인 _____

_____

개념 키우기

✏️ 문제를 해결해 보세요.

1 윤하는 252쪽인 동화책을 매일 40쪽씩 읽으려고 합니다. 며칠 만에 모두 읽을 수 있나요?

(   )일

2 목장에서 우유 원액을 통에 나누어 담아 우유 공장으로 옮기려고 합니다. 우유 원액 280 L를 50 L짜리 통에 가득 담으면 모두 몇 통이 나오나요? 또 몇 L가 남을까요?

(   )통, (   )L

3 초콜릿 가게에서 초콜릿 250개를 한 상자에 30개씩 포장하여 판매하려고 합니다. 초콜릿 한 상자의 가격은 8000원이고, 낱개 한 개는 500원입니다. 물음에 답하세요.

(1) 초콜릿을 포장하면 모두 몇 상자가 나오나요? 또 몇 개가 남을까요?

(   )상자, (   )개

(2) 초콜릿을 상자로 포장하여 모두 판매한 수입은 얼마인가요?

(   )원

(3) 남은 초콜릿을 낱개로 모두 판매한 수입은 얼마인가요?

(   )원

(4) 초콜릿 가게의 수입은 모두 얼마인가요?

(   )원

개념 다시보기

 계산해 보세요.

1

```
    2 0 ) 1 4 5
```

2

```
    4 0 ) 2 4 3
```

3

```
    3 0 ) 1 9 2
```

4

```
    8 0 ) 4 9 1
```

5

```
    7 0 ) 3 6 2
```

6

```
    9 0 ) 8 2 0
```

도전해 보세요

1 나머지가 다른 하나를 찾아 ◯표 하세요.

147÷20

167÷80   157÷70

157÷50

2 계산해 보세요.

```
    2 3 ) 9 2
```

16단계 **107**

17단계 나머지가 없고 몫이 한 자리 수인 몇십몇으로 나누기

> **개념연결**

3-2나눗셈	4-1곱셈과 나눗셈	몇십몇으로 나누기	4-1곱셈과 나눗셈
(세 자리 수)÷(한 자리 수)	몇십으로 나누기	$48 \div 12 = \boxed{4}$	(세 자리 수)÷(두 자리 수)
$500 \div 4 = \boxed{125}$	$480 \div 60 = \boxed{8}$		$225 \div 15 = \boxed{15}$

> **배운 것을 기억해 볼까요?**

1 (1)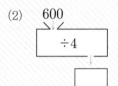

700
$\div 2$

(2) 600
$\div 4$

2 (1)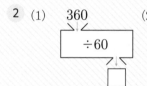

360
$\div 60$

(2)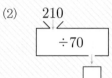

210
$\div 70$

나머지가 없고 몫이 한 자리 수인 몇십몇으로 나누기를 할 수 있어요.

> **30초 개념** ── 나누는 수가 몇 번 들어가는지 몫을 어림해 보고 계산해요.

60÷15의 계산 방법

몫을 어림해 보면

$15 \times 2 = 30$ → $15 \times 3 = 45$ → $15 \times 4 = 60$

$60 \div 15 = 4$

$$\begin{array}{r} 4 \leftarrow \text{몫} \\ 15\overline{)60} \\ \underline{60} \leftarrow 15 \times 4 \\ 0 \leftarrow \text{나머지} \end{array}$$

나머지 0은
나누어떨어진다는 것이에요.

> **이런 방법도 있어요!**

똑같이 덜어 내는 뺄셈으로
나눗셈을 할 수도 있어요.

① ② ③ ④
$60 - 15 - 15 - 15 - 15 = 0$
➡ $60 \div 15 = 4$

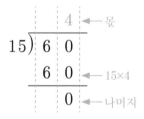

60에서 15를 4번
뺄 수 있어요.

개념 익히기

 계산해 보세요.

1

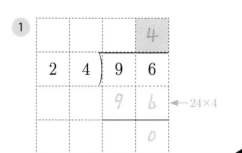

← 24×4

나누는 수가 몇 번
들어가는지 어림하고
자릿수를 맞춰 몫을 써요.

2

```
1 8 ) 9 0
```
← 18×5

3

```
1 6 ) 6 4
```
← 16×□

4

```
1 3 ) 9 1
```
← 13×□

5

```
2 2 ) 8 8
```
← 22×□

6

```
1 7 ) 5 1
```
← 17×□

7

```
2 5 ) 7 5
```
← 25×□

8

```
3 2 ) 9 6
```
← 32×□

계산해 보세요.

① 2 4) 1 4 4

② 3 4) 2 7 2

③ 1 9) 1 7 1

④ 4 3) 1 2 9

⑤ 2 7) 2 1 6

⑥ 3 7) 2 5 9

⑦ 2 9) 1 7 4

⑧ 2 0) 1 5 4

⑨ 4 6) 2 3 0

⑩ 6 0) 3 8 4

⑪ 5 3) 4 2 4

⑫ 1 5) 1 3 5

계산해 보세요.

① 156÷26

$$
\begin{array}{r}
6 \\
26{\overline{\smash{\big)}\,156}} \\
\underline{156} \\
0
\end{array}
$$

② 190÷38

③ 76÷19

④ 175÷25

⑤ 72÷24

⑥ 504÷56

⑦ 313×90

⑧ 252÷63

문제를 해결해 보세요.

1 도화지 200장을 25명의 학생이 똑같이 나누어 사용하려고 합니다.
학생 한 명이 사용할 수 있는 도화지는 몇 장인가요?

식_____ 답_____장

2 사탕 108개를 한 봉지에 12개씩 포장하면 모두 몇 봉지가 되나요?

식_____ 답_____봉지

3 전라남도 담양에는 도로를 사이에 두고 양쪽 길가에 메타세쿼이아가 심어져 있는 가로수 길이
있습니다. 135 m의 도로 양쪽에 15 m 간격으로 메타세쿼이아 나무를 더 심어서 산책로를 추가
하려고 합니다. 물음에 답하세요.

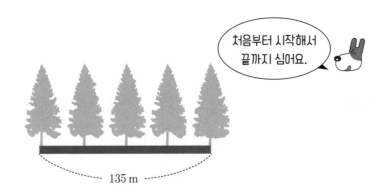

처음부터 시작해서
끝까지 심어요.

135 m

(1) 산책로 한쪽의 나무와 나무 사이의 간격 수는 몇 개인가요?

( )개

(2) 산책로 한쪽에 필요한 나무는 몇 그루인가요?

( )그루

(3) 산책로 양쪽에 필요한 나무는 몇 그루인가요?

( )그루

개념 다시보기

✏️ 계산해 보세요.

1
$$14 \overline{)70}$$

2
$$23 \overline{)184}$$

3
$$34 \overline{)204}$$

4
$$26 \overline{)78}$$

5
$$18 \overline{)162}$$

6
$$42 \overline{)210}$$

도전해 보세요

1 ☐ 안에 알맞은 수를 써넣으세요.

$$21\boxed{} \div 2\boxed{} = 8$$

2 계산해 보세요.

$$38 \overline{)301}$$

18단계 몇십몇으로 나누기

개념연결

3-2나눗셈
(세 자리 수)÷(한 자리 수)
$124÷3=\boxed{41}\cdots\boxed{1}$

4-1곱셈과 나눗셈
몇십으로 나누기
$500÷70=\boxed{7}\cdots\boxed{10}$

몇십몇으로 나누기

$62÷15=\boxed{4}\cdots\boxed{2}$

4-1곱셈과 나눗셈
(세 자리 수)÷(두 자리 수)
$460÷25=\boxed{18}\cdots\boxed{10}$

배운 것을 기억해 볼까요?

1　(1) $154÷3=\boxed{}\cdots\boxed{}$

　　(2) $193÷4=\boxed{}\cdots\boxed{}$

2　(1) $50\overline{)375}$ 　　(2) $60\overline{)525}$

나머지가 있고 몫이 한 자리 수인 몇십몇으로 나누기를 할 수 있어요.

30초 개념

나누는 수가 몇 번 들어가는지 몫을 어림해 보고 계산해요.

나머지가 나누는 수보다 작아질 때까지 나누어요.

153÷27의 계산 방법

몫을 어림해 보면

$150÷30=5$

153을 150으로 어림　　27을 30으로 어림

실제로 계산해 보면

```
        5   ← 몫
27) 1 5 3
    1 3 5
      1 8   ← 나머지
```

몫　나머지

$153÷27=5\cdots18$

```
      ④   몫을 1 크게   ⑤
27)1 5 3        27)1 5 3
   1 0 8           1 3 5
     4 5             1 8
```

이런 방법도 있어요!

계산한 결과가 맞는지 확인해 볼 수 있어요.

나눗셈식

나누어지는 수　몫

$153÷27=5\cdots18$

나누는 수　나머지

확인

나누는 수

$27×5=135$ ➡ $135+18=153$

몫　　나머지　나누어지는 수

개념 익히기

계산해 보세요.

1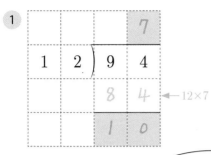

← 12×7

나누는 수가 몇 번
들어가는지 어림하고
자릿수를 맞춰 몫을 써요.

2

← 17×5

3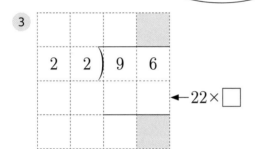

← 22×☐

4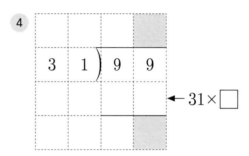

← 31×☐

5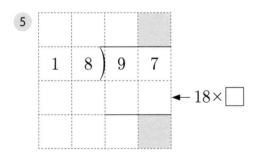

← 18×☐

6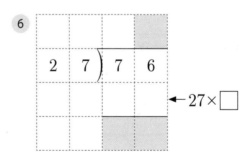

← 27×☐

7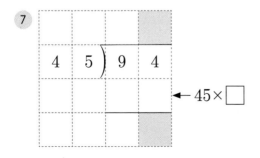

← 45×☐

8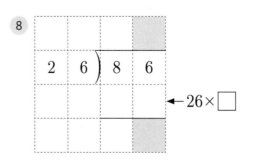

← 26×☐

몫과 나머지를 구해 보세요.

①
$$2\ 5\ )\ 2\ 1\ 1$$

②
$$1\ 8\ )\ 1\ 6\ 5$$

③
$$3\ 7\ )\ 1\ 8\ 8$$

④
$$1\ 3\ )\ 1\ 1\ 2$$

⑤
$$2\ 9\ )\ 1\ 2\ 9$$

⑥
$$4\ 6\ )\ 3\ 4\ 7$$

⑦
$$3\ 2\ )\ 1\ 4\ 4$$

⑧
$$5\ 2\ )\ 3\ 4\ 7$$

⑨
$$\begin{array}{r} 2\ 2\ 0 \\ \times\quad\ 3\ 0 \\ \hline \end{array}$$

⑩
$$5\ 6\ )\ 2\ 8\ 0$$

⑪
$$4\ 3\ )\ 2\ 7\ 9$$

⑫
$$1\ 6\ )\ 1\ 5\ 9$$

나눗셈을 하고 계산이 맞는지 확인해 보세요.

1 220÷26

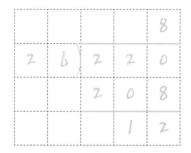

확인 ___26×8=208___

___208+12=220___

2 347÷52

확인 _____

_____

3 163÷21

확인 _____

_____

4 345×25

5 389÷42

확인 _____

_____

6 744÷83

확인 _____

_____

개념 키우기

✏️ 문제를 해결해 보세요.

1. 색 테이프 110 m를 24 m씩 자르면 24 m짜리 조각은 몇 개가 되나요?
또 몇 m가 남을까요?

(   )개 , (   )m

2. 재민이네 학교에서 체육대회가 열렸습니다. 125명이 함께 짝 만들기 놀이를 하는데 15명씩 짝을 만들 때 짝을 만들지 못하는 학생은 몇 명인가요?

식_____ 답_____명

3. 4학년 학생 284명과 교사 12명이 현장 학습을 떠나려고 합니다. 대형 버스 한 대에는 45명씩 탈 수 있습니다. 물음에 답하세요.

(1) 버스에 타야 하는 사람은 모두 몇 명인가요?

(   )명

(2) 대형 버스에 빈자리 없이 차례대로 타면 모두 몇 대에 나누어 타고, 몇 명이 남을까요?

(   )대
(   )명

(3) 모두가 버스를 타려면 버스는 몇 대가 필요한가요?

(   )대

개념 다시보기

✏️ 몫과 나머지를 구해 보세요.

1

```
1  3 ) 9  6
```

2

```
3  6 ) 8  5
```

3

```
2  4 ) 1  9  6
```

4

```
3  9 ) 2  5  6
```

5

```
6  8 ) 4  3  2
```

6

```
4  7 ) 3  6  2
```

도전해 보세요

1 어떤 수를 34로 나누었더니 몫은 가장 큰 한 자리 수이고, 나머지도 나머지 중 가장 큰 수가 되었습니다. 어떤 수를 구해 보세요.

(   )

2 계산해 보세요.

```
1  8 ) 3  0  6
```

19단계 (세 자리 수)÷(두 자리 수)

개념연결

4-1곱셈과 나눗셈	4-1곱셈과 나눗셈	(세 자리 수)÷(두 자리 수)	5-1자연수의 혼합 계산
몇십으로 나누기	몇십몇으로 나누기		나눗셈과 뺄셈
280÷40=□7□	28÷14=□2□	288÷24=□12□	12−9÷3=□9□

배운 것을 기억해 볼까요?

1 (1) 350÷50=

(2) 630÷90=

2 (1) 75÷25=

(2) 144÷24=

나머지가 없고 몫이 두 자리 수인 (세 자리 수)÷(두 자리 수)를 할 수 있어요.

30초 개념 높은 자리부터 순서대로 나누는 수가 몇 번 들어가는지 몫을 어림해 보고 계산해요.

575÷25의 계산 방법

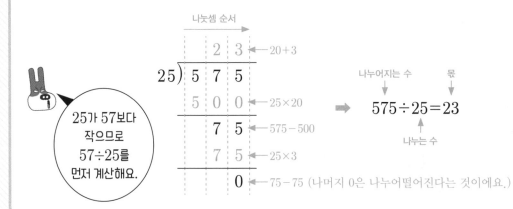

$$575÷25=23$$

이런 방법도 있어요!

계산한 결과가 맞는지 확인해 볼 수 있어요.

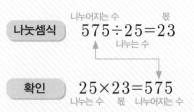

개념 익히기

✏️ 계산해 보세요.

1

$$17)\overline{187}$$ 몫: 1 1

←17× ☐

←17× ☐

2

$$15)\overline{225}$$

←15× ☐

←15× ☐

> 높은 자리부터 나누는
> 수가 몇 번 들어가는지
> 몫을 어림하며
> 차례대로 나눠요.

3

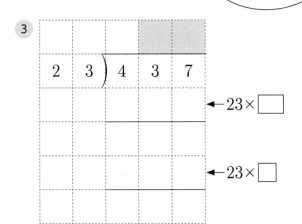

←23× ☐

←23× ☐

4

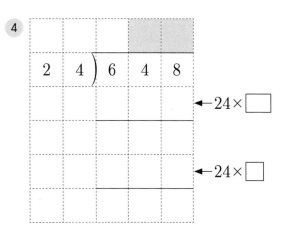

←24× ☐

←24× ☐

5

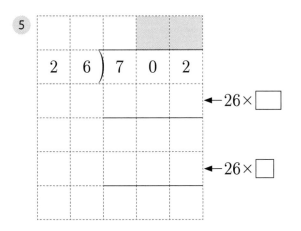

←26× ☐

←26× ☐

6

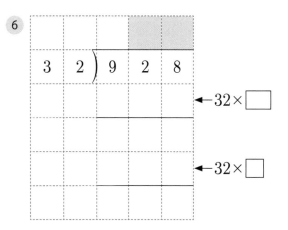

←32× ☐

←32× ☐

계산해 보세요.

1

$$16 \overline{\smash{\big)}4\ 1\ 6}$$

2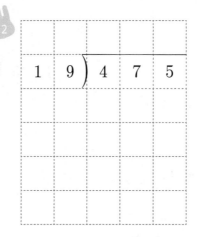

$$19 \overline{\smash{\big)}4\ 7\ 5}$$

3

$$14 \overline{\smash{\big)}4\ 0\ 6}$$

4

$$27 \overline{\smash{\big)}7\ 8\ 3}$$

5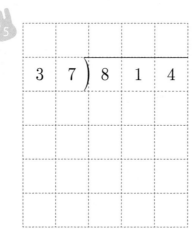

$$37 \overline{\smash{\big)}8\ 1\ 4}$$

6

$$18 \overline{\smash{\big)}1\ 2\ 6}$$

7

$$\begin{array}{r} 5\ 3\ 9 \\ +\ \ \ 4\ 9 \\ \hline \end{array}$$

8

$$39 \overline{\smash{\big)}5\ 4\ 6}$$

9

$$45 \overline{\smash{\big)}5\ 8\ 5}$$

✏️ 나눗셈을 하고 계산이 맞는지 확인해 보세요.

1 399÷19

확인 _19×21=399_____

2 612÷17

확인 _____

 3 676÷26

확인 _____

4 456÷24

확인 _____

5 650÷13

확인 _____

6 600÷15

확인 _____

개념 키우기

✏️ 문제를 해결해 보세요.

1 케이블카 한 대에는 한 번에 12명이 탈 수 있습니다. 288명이 모두 타려면 몇 대에 나누어 타야 하나요?

식_____ 답_____대

2 찰흙 910 g을 26명이 똑같이 나누어 사용하려고 합니다. 학생 한 명이 사용할 수 있는 찰흙은 몇 g인가요?

식_____ 답_____g

3 바늘 한 쌈은 바늘 24개를 한 묶음으로 세는 순우리말입니다. 바늘 한 쌈을 팔면 500원을 벌 수 있을 때 물음에 답하세요.

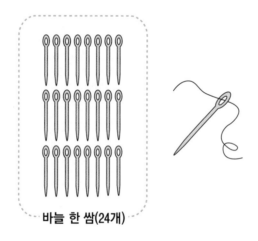

바늘 한 쌈(24개)

(1) 바늘 다섯 쌈은 몇 개인가요?

식_____ 답_____개

(2) 바늘 984개를 한 쌈씩 포장하면 몇 쌈이 되나요?

식_____ 답_____쌈

(3) 바늘 984개를 모두 팔면 얼마를 벌 수 있나요?

식_____ 답_____원

개념 다시보기

 계산해 보세요.

1

$$13 \overline{)312}$$

2

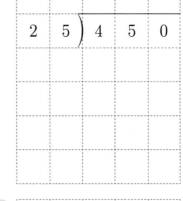

$$25 \overline{)450}$$

3

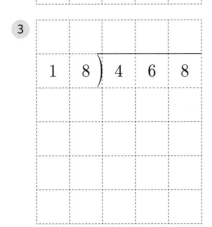

$$18 \overline{)468}$$

4

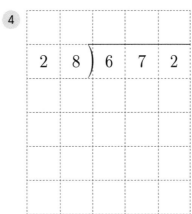

$$28 \overline{)672}$$

5

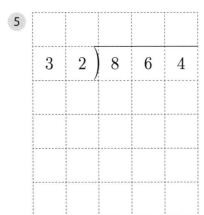

$$32 \overline{)864}$$

6

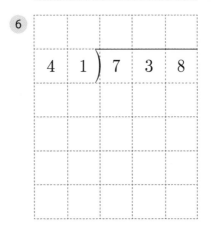

$$41 \overline{)738}$$

도전해 보세요

1 잘못된 부분을 찾아 바르게 계산해 보세요.

$$
\begin{array}{r}
2 \\
22 \overline{)440} \\
440 \\
\hline
0
\end{array}
$$
➡

2 계산해 보세요.

$$467 \div 24$$

몫 : _____ 나머지 : _____

20단계 (세 자리 수)÷(두 자리 수)

개념연결

4-1곱셈과 나눗셈	4-1곱셈과 나눗셈	(세 자리 수)÷(두 자리 수)	5-1자연수의 혼합 계산
몇십으로 나누기	몇십몇으로 나누기		덧셈과 나눗셈
$270 \div 50 = \boxed{5} \cdots \boxed{20}$	$127 \div 25 = \boxed{5} \cdots \boxed{2}$	$129 \div 23 = \boxed{5} \cdots \boxed{14}$	$8 + 16 \div 4 = \boxed{12}$

배운 것을 기억해 볼까요?

1 (1) $300 \div 40 = \boxed{} \cdots \boxed{}$

   (2) $520 \div 70 = \boxed{} \cdots \boxed{}$

2 (1) $229 \div 56 = \boxed{} \cdots \boxed{}$

   (2) $111 \div 14 = \boxed{} \cdots \boxed{}$

나머지가 있고 몫이 두 자리 수인 (세 자리 수)÷(두 자리 수)를 할 수 있어요.

30초 개념 높은 자리부터 순서대로 나누는 수가 몇 번 들어가는지 몫을 어림해 보고 계산해요. 나머지가 나누는 수보다 작아질 때까지 나누어요.

$662 \div 26$의 계산 방법

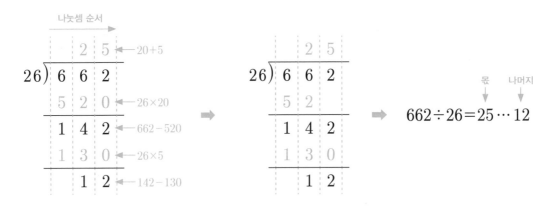

$$662 \div 26 = 25 \cdots 12$$

이런 방법도 있어요!

계산한 결과가 맞는지
확인해 볼 수 있어요.

나눗셈식 $662 \div 26 = 25 \cdots 12$

확인 $26 \times 25 = 650 \Rightarrow 650 + 12 = 662$

개념 익히기

✏️ 계산해 보세요.

1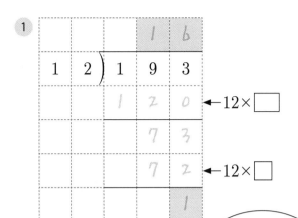

```
        1  6
  1 2 ) 1  9  3
        1  2  0    ←12×□
           7  3
           7  2    ←12×□
              1
```

> 높은 자리부터 나누는
> 수가 몇 번 들어가는지
> 몫을 어림하며
> 차례대로 나눠요.

2

```
  1 4 ) 2  1  7
                  ←14×□

                  ←14×□
```

3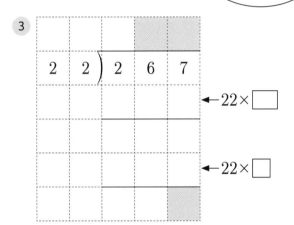

```
  2 2 ) 2  6  7
                  ←22×□

                  ←22×□
```

4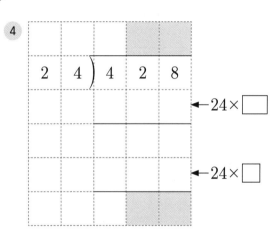

```
  2 4 ) 4  2  8
                  ←24×□

                  ←24×□
```

5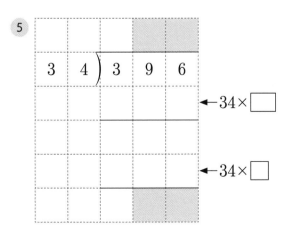

```
  3 4 ) 3  9  6
                  ←34×□

                  ←34×□
```

6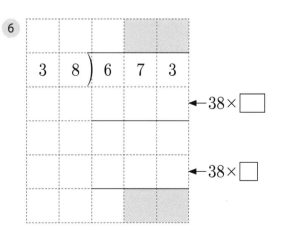

```
  3 8 ) 6  7  3
                  ←38×□

                  ←38×□
```

몫과 나머지를 구해 보세요.

1. $18 \overline{)413}$

2. $19 \overline{)675}$

3. $34 \overline{)461}$

4. $58 \overline{)793}$

5. $24 \overline{)755}$

6. $43 \overline{)391}$

7. $41 \overline{)508}$

8.
$$
\begin{array}{r}
6\ 7\ 4 \\
\times \quad 3\ 7 \\
\hline
\end{array}
$$

9. $63 \overline{)736}$

나눗셈을 계산하고 계산이 맞는지 확인해 보세요.

① 434÷27

확인   27×16=432
      432+2=434

 389÷15

확인 _____

③ 768÷49

확인 _____

④ 619÷12

확인 _____

개념 키우기

✏️ 문제를 해결해 보세요.

1 서영이는 길이가 8 m인 리본을 58 cm씩 잘라서 선물을 포장하려고 합니다.
선물을 몇 개 포장할 수 있나요? 또 남는 리본은 몇 cm인가요?

(   )개, (   ) cm

2 서울특별시는 우리나라의 수도이고, 부산광역시는 우리나라 제2의 도시로 국제 무역항을 가지고 있는 항구 도시입니다. 오전에 서울시청을 출발하여 부산시청에서 2시간 동안 회의를 하고 다시 서울시청으로 돌아오려고 합니다. 그림을 보고 물음에 답하세요.

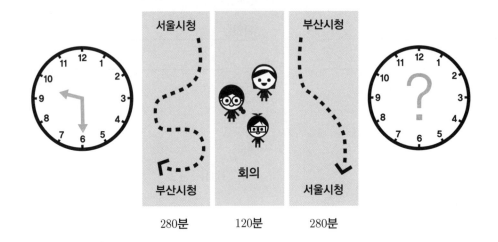

(1) 서울시청을 출발하여 부산시청에서 회의를 하고 다시 서울시청으로 돌아올 때까지 걸리는 시간은 모두 몇 분인가요?

식_____ 답_____분

(2) (1)에서 구한 시간을 몇 시간 몇 분으로 나타내어 보세요.

(   )시간 (   )분

(3) 부산시청에서 회의를 마치고 다시 서울시청으로 돌아온 시각을 구해 보세요.

식_____ 답_____

개념 다시보기

✏️ 몫과 나머지를 구해 보세요.

① 1 1) 5 2 5

② 2 9) 8 4 6

③ 2 4) 5 5 4

④ 1 8) 6 7 4

⑤ 3 3) 7 4 6

⑥ 5 4) 7 2 6

도전해 보세요

① 잘못된 부분을 찾아 바르게 고쳐 보세요.

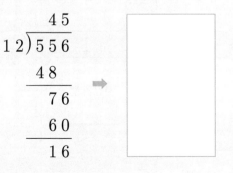

```
        4 5
  1 2 ) 5 5 6
        4 8
        ─────
          7 6
          6 0
        ─────
          1 6
```
➡️

② 계산해 보세요.

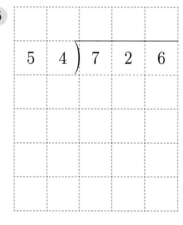

1094÷25

몫 : _____   나머지 : _____

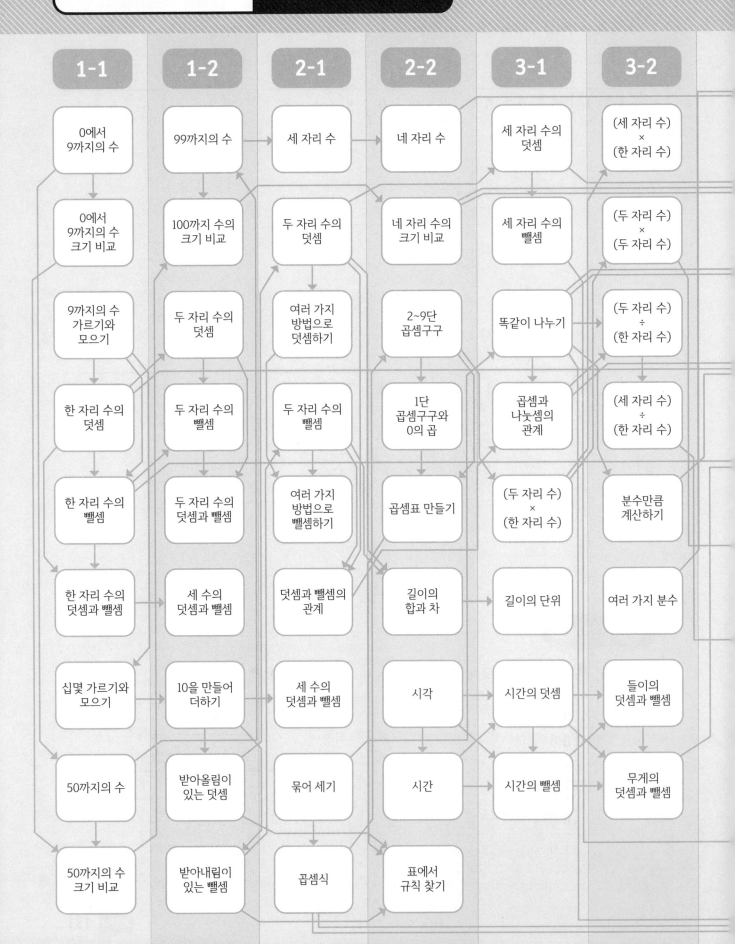

1-1	1-2	2-1	2-2	3-1	3-2
0에서 9까지의 수	99까지의 수	세 자리 수	네 자리 수	세 자리 수의 덧셈	(세 자리 수) × (한 자리 수)
0에서 9까지의 수 크기 비교	100까지 수의 크기 비교	두 자리 수의 덧셈	네 자리 수의 크기 비교	세 자리 수의 뺄셈	(두 자리 수) × (두 자리 수)
9까지의 수 가르기와 모으기	두 자리 수의 덧셈	여러 가지 방법으로 덧셈하기	2~9단 곱셈구구	똑같이 나누기	(두 자리 수) ÷ (한 자리 수)
한 자리 수의 덧셈	두 자리 수의 뺄셈	두 자리 수의 뺄셈	1단 곱셈구구와 0의 곱	곱셈과 나눗셈의 관계	(세 자리 수) ÷ (한 자리 수)
한 자리 수의 뺄셈	두 자리 수의 덧셈과 뺄셈	여러 가지 방법으로 뺄셈하기	곱셈표 만들기	(두 자리 수) × (한 자리 수)	분수만큼 계산하기
한 자리 수의 덧셈과 뺄셈	세 수의 덧셈과 뺄셈	덧셈과 뺄셈의 관계	길이의 합과 차	길이의 단위	여러 가지 분수
십몇 가르기와 모으기	10을 만들어 더하기	세 수의 덧셈과 뺄셈	시각	시간의 덧셈	들이의 덧셈과 뺄셈
50까지의 수	받아올림이 있는 덧셈	묶어 세기	시간	시간의 뺄셈	무게의 덧셈과 뺄셈
50까지의 수 크기 비교	받아내림이 있는 뺄셈	곱셈식	표에서 규칙 찾기		

초등
4학년

개념연결

연산의
발견

정답과 풀이

선생님 놀이
해설

우리 친구의 설명이
해설과 조금 달라도 괜찮아.
개념을 이해하고 설명했다면
통과!

1단계 1000이 10개인 수

배운 것을 기억해 볼까요? 012쪽

1 100
2 1000
3 10
4 300

개념 익히기 013쪽

1 ▢▢▢▢▢▢ (1000 지폐 그림)

2 (1000 지폐와 100 동전 그림)

3 (1000 지폐, 100 동전, 10 동전 그림)

4 (1000 지폐, 100 동전, 10 동전, 1 동전 그림)

개념 다지기 014쪽

1 10
2 1000
3 40
4 100
5 10
6 1
7 1000
8 3000
9 70
10 5
11 80

선생님놀이

 9960이 10000이 되려면 40이 더 있어야 하므로 9960보다 40 큰 수가 10000이에요.

 10000에서 9995를 빼면 5가 되므로 9995는 10000보다 5 작은 수예요.

개념 다지기 015쪽

1 10000
2 1000
3 10000
4 9700, 10000
5 950, 980, 1000
6 9960, 9990, 10000
7 9994, 9996, 9998
8 9400, 9600, 9800
9 9900, 9920, 9980, 10000

선생님놀이

3 6000에서 7000으로 1000씩 뛰어 세고 있으므로 9000 다음은 10000이에요.

8 9000에서 9200으로 200씩 뛰어 세고 있으므로 9200 다음은 9400, 9600, 9800이에요.

개념 키우기 016쪽

1 10000
2 (1) 9000 (2) 3500 (3) 5500 (4) 4500

1 1000원짜리 지폐 8장, 100원짜리 동전 18개, 10원짜리 동전 20개가 있으므로 가지고 있는 돈은 8000+1800+200=10000(원)입니다.

2 (1) 용돈으로 8000원과 심부름으로 1000원을 받았으므로 수입은 모두 8000+1000=9000(원)입니다.

(2) 색연필 사는 데 2000원과 아이스크림 사는 데 1500원을 썼으므로 지출은 모두 2000+1500=3500(원)입니다.

(3) 가지고 있는 돈은 총 수입에서 총 지출을 빼면 되므로 9000-3500=5500(원)입니다.

(4) 5500은 10000보다 4500만큼 작은 수입니다. 따라서 10000원을 모으려면 4500원을 더 모아야 합니다.

개념 다시보기 017쪽

1 10
2 1
3 10000
4 20
5 100
6 1000

1 **쓰기** 60000 또는 6만

  읽기 육만

2 만 삼천오백칠십구 또는 일만 삼천오백칠십구

---

1 10000이 6개이면 60000 또는 6만입니다. 숫자에 자릿값 이름을 붙여서 읽으면 육만입니다.

2

만	천	백	십	일
1	3	5	7	9

숫자에 자릿값 이름을 붙여서 앞에서부터 순서대로 읽으면 만 삼천오백칠십구 또는 일만 삼천오백칠십구입니다.

2단계 다섯 자리 수 알아보기

1 **쓰기** 1504

  읽기 천오백사

2 **쓰기** 6442

  읽기 육천사백사십이

1 50000, 7000, 200, 10, 9

  읽기 오만 칠천이백십구

2 9000, 800, 6

  읽기 삼만 구천팔백사십육

3 60000, 300, 40

  읽기 육만 육천삼백사십팔

4 50000, 60, 3

  읽기 오만 오천칠백육십삼

5 6000, 50, 7

  읽기 구만 육천백오십칠

6 70000, 9000, 5

  읽기 칠만 구천십오

---

1 90, 7

2 300, 90

3 70000, 8000, 300

4 300, 90

5 9000, 50, 2

6 10000, 300, 70

7 5000, 300, 6

8 7000, 40, 5

9 60000, 800, 3

선생님놀이

 84391은 10000이 8개, 1000이 4개, 100이 3개, 10이 9개, 1이 1개인 수예요.
따라서 84391=80000+4000+300+90+1이에요.

 11370은 10000이 1개, 1000이 1개, 100이 3개, 10이 7개인 수예요.
따라서 11370=10000+1000+300+70이에요.

---

1 **쓰기** 61397

  읽기 육만 천삼백구십칠

2 **쓰기** 83287

  읽기 팔만 삼천이백팔십칠

3 **쓰기** 75490

  읽기 칠만 오천사백구십

4 **쓰기** 4539

  읽기 사천오백삼십구

5 **쓰기** 18372

  읽기 만 팔천삼백칠십이 또는 일만 팔천삼백칠십이

6 **쓰기** 55811

  읽기 오만 오천팔백십일

7 **쓰기** 7084

  읽기 칠천팔십사

8 **쓰기** 89096

  읽기 팔만 구천구십육

선생님놀이

만	천	백	십	일
8	3	2	8	7

앞에서부터 숫자와 자릿값을 붙여서 읽으면 팔만 삼천이백팔십칠이라고 읽어요.

만	천	백	십	일
8	9	0	9	6

백의 자리는 없으므로 0으로 써요. 앞에서부터 숫자와 자릿값을 붙여서 읽으면 팔만 구천구십 육이라고 읽어요.

---

① 58940

② (1) 30000 (2) 300 (3) 30306

---

① 10000원짜리 5장, 1000원짜리 8장, 100원짜리 9개, 10원짜리 4개이므로 50000+8000+900+40 =58940(원)입니다.

② (1) 1000이 30이면 30000입니다. 모두 30000명이 앉을 수 있습니다.

(2) 100이 3이면 300입니다. 모두 300명이 앉을 수 있습니다.

(3) 각각의 좌석을 모두 더하면 30000+300+6 =30306(개)입니다.

---

① 5000, 900, 8

읽기 육만 오천구백사십팔

② 70000, 10, 5

읽기 칠만 구천사백십오

③ 90000, 300, 2

읽기 구만 삼천삼백삼십이

④ 6000, 40, 2

읽기 오만 육천사백사십이

⑤ 80000, 500, 80

⑥ 9000, 300, 20

---

① 가장 큰 수: 75310

가장 작은 수: 10357

② 100000

---

① 수 카드를 모두 한 번씩만 사용하여 가장 큰 다섯 자리 수를 만들어야 하므로 큰 수부터 차례대로 씁니다. 따라서 75310이 됩니다. 또 수 카드를 모두 한 번씩만 사용하여 가장 작은 다섯 자리 수를 만들어야 하므로 작은 수부터 차례대로 씁니다. 그런데 0은 만의 자리의 숫자가 될 수 없으므로 10357이 됩니다.

② 10000이 10개이면 0이 하나 더 늘어서 100000이 됩니다.

3단계 십만, 백만, 천만 알아보기

① 쓰기 10000 또는 1만

읽기 만 또는 일만

② 쓰기 67325

읽기 육만 칠천삼백이십오

---

①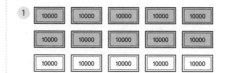

②

③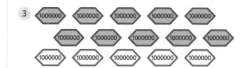

④

5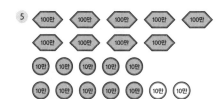

개념 다지기 026쪽

1 40000
2 200000, 30000
3 800000, 30000
4 7000000, 100000
5 60000000, 9000000, 300000

 선생님놀이

4 57170000은 천만의 자리 숫자가 5, 백만의 자리 숫자가 7, 십만의 자리 숫자가 1, 만의 자리 숫자가 7인 수이므로 57170000=50000000 +7000000+100000+70000이에요.

개념 다지기 027쪽

1 쓰기 23670000
  읽기 이천삼백육십칠만
2 쓰기 49830000
  읽기 사천구백팔십삼만
3 쓰기 45239800
  읽기 사천오백이십삼만 구천팔백
4 쓰기 79032305
  읽기 칠천구백삼만 이천삼백오
5 쓰기 56040
  읽기 오만 육천사십
6 쓰기 70235612
  읽기 칠천이십삼만 오천육백십이
7 쓰기 87056
  읽기 팔만 칠천오십육
8 쓰기 53462013
  읽기 오천삼백사십육만 이천십삼

 선생님놀이

3
4	5	2	3	9	8	0	0
천	백	십	일	천	백	십	일
			만				일

앞에서부터 숫자와 자릿값을 붙여서 차례대로 읽으면 사천오백이십삼만 구천팔백이라고 읽어요.

8
5	3	4	6	2	0	1	3
천	백	십	일	천	백	십	일
			만				일

앞에서부터 숫자와 자릿값을 붙여서 읽으면 오천삼백사십육만 이천십삼이라고 읽어요. 백의 자리는 숫자가 없으므로 읽지 않아요.

개념 키우기 028쪽

1 65900000
2 (1) 5000 (2) 10000 (3) 1000000

1 1000만 장짜리 6묶음, 100만 장짜리 5묶음, 10만 장짜리 9묶음이므로 60000000+5000000+900000 =65900000(장)입니다.
2 (1) 밥알 50개의 무게가 2 g이므로 200 g이 되려면 50×100=5000(개)만큼 있어야 합니다.
  (2) 5000×2=10000(개)
  (3) 10000×100=1000000(개)

개념 다시보기 029쪽

1 40000
2 8000000, 30000
3 70000000, 200000, 90000
4 30000000, 100000, 40000

도전해 보세요 029쪽

1 >
2 ㉠ 9000000, ㉡ 90000000

① 33300000은 8자리 수이고, 3330000은 7자리 수이므로 33300000이 더 큽니다.

② ㉠의 9는 백만의 자리 숫자이므로 9000000을 나타내고, ㉡의 9는 천만의 자리 숫자이므로 90000000을 나타냅니다.

4단계 억 알아보기

배운 것을 기억해 볼까요? `030쪽`

1 **쓰기** 70000 또는 7만
  읽기 칠만

2 **쓰기** 13570000 또는 1357만
  읽기 천삼백오십칠만 또는 일천삼백오십칠만

개념 익히기 `031쪽`

개념 다지기 `032쪽`

1 400000000

2 80000000000, 100000000

3 20000000000, 5000000000

4 70000000000, 1000000000, 700000000

5 800000000000, 6000000000, 40000000

6 600000000000, 90000000000, 3000000000, 70000000

선생님놀이

3 325800000000은 천억의 자리 숫자가 3, 백억의 자리 숫자가 2, 십억의 자리 숫자가 5, 억의 자리 숫자가 8이므로
325800000000=300000000000+20000000000+5000000000+800000000이에요.

개념 다지기 `033쪽`

1 **쓰기** 730000000000
  읽기 칠천삼백억

2 **쓰기** 823500000000
  읽기 팔천이백삼십오억

3 **쓰기** 652700000000
  읽기 육천오백이십칠억

4 **쓰기** 152963000000
  읽기 천오백이십구억 육천삼백만 또는 일천오백이십구억 육천삼백만

5 **쓰기** 46230280
  읽기 사천육백이십삼만 이백팔십

6 **쓰기** 952358090000
  읽기 구천오백이십삼억 오천팔백구만

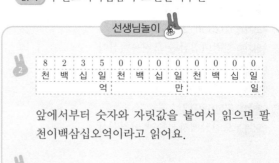

140

앞에서부터 숫자와 자릿값을 붙여서 읽으면 구천오백이십삼억 오천팔백구만이라고 읽어요. 십만의 자리는 숫자가 없으므로 읽지 않아요.

개념 키우기 **034쪽**

1 1307347981
2 170075000000
3 (1) 204600000000
  (2) 391800000000
  (3) 596400000000

1 억이 13, 만이 734, 일이 7981이므로 순서대로 적어 보면 1307347981명이 됩니다. 천만의 자리에는 숫자가 없으므로 0으로 나타냅니다.
2 100억이 17이면 1700억, 100만이 75이면 7500만이므로 순서대로 적어 보면 170075000000(원)입니다.
3 (1) 개인 기부는 10만 원씩 2046000명이 기부했으므로 204600000000(원)입니다.
  (2) 단체 기부는 100만 원씩 391800개 단체가 기부했으므로 391800000000(원)입니다.
  (3) 전체 기부금은 204600000000+391800000000 =596400000000(원)입니다.

개념 다시보기 **035쪽**

1 50000000000
2 70000000000, 400000000
3 60000000000, 7000000000, 400000000
4 60000000000, 9000000000, 600000000, 5000000

도전해 보세요 **035쪽**

1 쓰기 2013456789
  읽기 이십억 천삼백사십오만 육천칠백팔십구
2 >

1 0~9의 수를 모두 한 번씩 사용하여 10억의 자리 숫자가 2인 가장 작은 수를 만들어야 하므로 10억의 자리 숫자는 2이고 나머지 숫자들을 작은 수부터 차례대로 씁니다. 따라서 가장 작은 수는 2013456789입니다. 숫자에 자릿값 이름을 붙여서 읽으면 이십억 천삼백사십오만 육천칠백팔십구입니다.
2 십억의 자리 숫자를 비교하면 9>8이므로 899800000000>898900000000입니다.

5단계 조 알아보기

배운 것을 기억해 볼까요? **036쪽**

1 쓰기 76400000 또는 7640만
  읽기 칠천육백사십만
2 쓰기 537200000000 또는 5372억
  읽기 오천삼백칠십이억

개념 익히기 **037쪽**

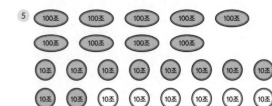

5

100조	100조	100조	100조	100조
100조	100조	100조	100조	
10조	10조	10조	10조	10조	10조	10조	10조
10조	10조	10조	10조	10조	10조	10조	10조

개념 다지기　　　　　　　　038쪽

① 2683, 3491
② 3925, 7500, 6800
③ 8641, 3654, 7722
④ 789, 3273, 8210
⑤ 1340, 6654, 9900
⑥ 246, 17, 5054, 5370

선생님놀이

🐰 뒤에서부터 네 자리씩 끊어 보면 3925조 7500억 6800만이 돼요. 읽을 때는 앞에서부터 숫자에 자릿값 이름을 붙여서 삼천구백이십오조 칠천오백억 육천팔백만이라고 읽어요.

🐰 뒤에서부터 네 자리씩 끊어 보면 246조 17억 5054만 5370이 돼요. 읽을 때는 앞에서부터 숫자에 자릿값 이름을 붙여서 이백사십육조 십칠억 오천오십사만 오천삼백칠십이라고 읽어요. 천억, 백억, 백만의 자리는 숫자가 0이므로 읽지 않아요.

개념 다지기　　　　　　　　039쪽

① **쓰기** 1245000000000000
　읽기 천이백사십오조 또는 일천이백사십오조
② **쓰기** 3529000000000000
　읽기 삼천오백이십구조
③ **쓰기** 5231723400000000
　읽기 오천이백삼십일조 칠천이백삼십사억
④ **쓰기** 46230280
　읽기 사천육백이십삼만 이백팔십
⑤ **쓰기** 6183023407000000
　읽기 육천백팔십삼조 이백삼십사억 칠백만
⑥ **쓰기** 5231723461001943
　읽기 오천이백삼십일조 칠천이백삼십사억 육천백만 천구백사십삼

선생님놀이

🐰

3	5	2	9	0	0	0	0	0	0	0	0	0	0	0	0
천	백	십	일	천	백	십	일	천	백	십	일	천	백	십	일
			조				억				만				일

앞에서부터 숫자에 자릿값 이름을 붙여서 읽으면 삼천오백이십구조라고 읽어요.

🐰

6	1	8	3	0	2	3	4	0	7	0	0	0	0	0	0
천	백	십	일	천	백	십	일	천	백	십	일	천	백	십	일
			조				억				만				일

앞에서부터 숫자에 자릿값 이름을 붙여서 육천백팔십삼조 이백삼십사억 칠백만이라고 읽어요.

개념 키우기　　　　　　　　040쪽

① 75205200000000
② (1) 2000000(200만)
　(2) 3000000000(30억)
　(3) 4000000000000(4조)

① 조가 75, 억이 2052이므로 순서대로 적어 보면 75205200000000(원)입니다.
② (1) M(메가)는 100만을 나타내므로 2MB(메가바이트)는 2000000(200만)(바이트)입니다.
　(2) G(기가)는 10억을 나타내므로 3GB(기가바이트)는 3000000000(30억)(바이트)입니다.
　(3) T(테라)는 1조를 나타내므로 4TB(테라바이트)는 4000000000000(4조)(바이트)입니다.

개념 다시보기　　　　　　　　041쪽

① 5174, 3429
② 954, 5990
③ 7836, 3500, 7900
④ 9300, 5871, 4000
⑤ 490, 3600, 550, 2390

① 쓰기 50000000001234

읽기 오십조 천이백삼십사

② 10

---

① 50조보다 크면서 50조에 가장 가까우려면 십조의 자리 숫자가 5입니다. 또 수 카드를 모두 사용해야 하므로 큰 순서대로 일의 자리부터 만의 자리에 차례대로 씁니다. 그리고 같은 카드를 여러 번 사용할 수 있으므로 빈 자리에 0을 채웁니다. 따라서 50조에 가장 가까운 수는 50000000001234입니다. 이를 자릿수에 맞춰 읽으면 오십조 천이백삼십사입니다.

② 백조의 자리 숫자는 5, 천억의 자리 숫자는 5이므로 5+5=10이 됩니다.

6단계 뛰어 세기

◀ 배운 것을 기억해 볼까요?   **042**쪽

① 260, 270   ② 8425, 8525
③ 3199, 9199   ④ 3547, 3567

개념 익히기   **043**쪽

① 39000, 40000
② 240000, 250000, 260000
③ 4776만, 4786만, 4796만
④ 6억, 7억, 8억
⑤ 5580억, 5680억, 5780억
⑥ 350조, 351조, 352조
⑦ 330조, 340조, 350조

개념 다지기   **044**쪽

① 64000, 74000
② 2650만, 2850만
③ 1023만, 1323만

④ 437억, 637억
⑤ 2472억, 2477억, 2482억
⑥ 75조, 90조, 105조
⑦ 8896, 56
⑧ 3808427, 3908427, 4008427

선생님놀이

 2250만에서 2450만으로 200만이 커졌으므로 200만씩 뛰어 세요. 따라서 2450만 다음은 2650만, 2850만이 돼요.

 45조에서 60조로 15조가 커졌으므로 15조씩 뛰어 세요. 따라서 60조 다음은 75조, 90조, 105조가 돼요.

개념 다지기   **045**쪽

① 15000, 17000, 19000, 21000, 23000
② 346만, 350만, 354만, 358만, 362만
③ 1579억, 1879억, 2179억, 2479억, 2779억
④ 48조, 148조, 248조, 348조, 448조
⑤ 152963000000
⑥ 7조 300억, 7조 500억, 7조 700억, 7조 900억, 7조 1100억
⑦ 6183023407000000
⑧ 48560000, 49560000, 50560000, 51560000, 52560000

선생님놀이

 346만에서 4만씩 뛰어 세는 것은 4만씩 더하면 돼요. 따라서 346만, 350만, 354만, 358만, 362만이 돼요.

 7조 300억에서 200억씩 뛰어 세는 것은 200억씩 더하면 돼요. 따라서 7조 300억, 7조 500억, 7조 700억, 7조 900억, 7조 1100억이 돼요. 7조 900억에 200억을 더하면 7조 1100억으로 천억의 자리로 단위가 바뀌어요.

1 85

2 (1) 50만 또는 500000

(2) 50만 원, 75만 원, 100만 원, 125만 원, 150만 원, 175만 원

(3) 5

---

1 25억에서 15억을 4번 뛰어 세는 것은 15억을 4번 더하는 것과 같습니다. 25억+15억+15억+15억+15억=85억

2 (1) 지금까지 모은 돈은 50만 원입니다.

(2) 지금까지 모은 돈은 50만 원에서 25만 원씩 뛰어 세기 하면 50만 원, 75만 원, 100만 원, 125만 원, 150만 원, 175만 원이 됩니다.

(3) 50만 원에서부터 25만 원씩 5번 뛰어 세면 175만 원이 되므로 5개월이 걸립니다.

1 550000, 560000

2 620만, 720만, 820만

3 43000, 46000, 49000

4 7억, 9억, 11억

5 280조, 295조, 310조

1 (위에서부터)
53억 5897만, 44억 7897만, 43억 7897만

2 >

---

1 첫 번째 세로줄은 위로 올라가면서 10억씩 커지고 있으므로 첫 번째 세로줄의 빈칸은 53억 5897만이 됩니다. 가로줄은 오른쪽으로 가면서 1000만씩 커지고 있으므로 가로줄의 마지막 칸은 43억 7897만이 됩니다. 두 번째 세로줄은 위로 올라가면서 1억씩 커지고 있으므로 두 번째 세로줄의 맨 위의 칸은 44억 7897만이 됩니다.

2 574598300000000은 15자리 수이고 94598300000000은 14자리 수이므로 574598300000000>94598300000000입니다.

7단계 수의 크기 비교하기

1 <　　　2 <　　　3 >

1 , >

십만	만	천	백	십	일
4	2	0	0	0	0
	5	9	0	0	0

2 , <

백만	십만	만	천	백	십	일
	7	3	9	0	0	0
3	8	1	9	0	0	0

3 , >

십만	만	천	백	십	일
2	3	6	0	0	0
2	3	4	0	0	0

4 , <

백만	십만	만	천	백	십	일
5	7	9	5	0	0	0
5	8	9	5	0	0	0

5 , <

천만	백만	십만	만	천	백	십	일
8	3	9	7	0	0	0	0
9	2	1	6	0	0	0	0

1 <　　　　　　2 <

3 >　　　　　　4 >

5 >　　　　　　6 >

7 <　　　　　　8 >

9 634, 50, 2000　　10 >

11 >　　　　　　12 <

선생님놀이

3 97645763은 8자리 수이고 9764576은 7자리 수이므로 97645763>9764576이에요.

10 3조 8750만과 3조 750만은 둘 다 13자리 수로 자

릿수가 같고, 첫 자리의 수도 같으므로 천만의 자리를 비교해 보면 8>0이므로 3조 8750만>3조 750만이에요.

개념 다지기 **051쪽**

1 336897 > 35897
2 537620 < 538000
3 3596만 > 359만
4 450만, 460만, 470만, 480만, 490만
5 625억 > 615억 5000만
6 8조 7954억 < 88조
7 7억 5436만 < 7억 5549만

선생님놀이

2 537620과 538000은 둘 다 6자리 수로 자릿수가 같고, 처음 두 자리의 수도 같으므로 천의 자리를 비교해 보면 7<8이므로 537620<538000이에요.

6 팔조 칠천구백오십사억을 써 보면 8조 7954억이에요. 8조 7954억은 13자리 수이고, 88조는 14자리 수이므로 8조 7954억<88조예요.

개념 키우기 **052쪽**

1 중국, 인도
2 (1) 수성
  (2) 해왕성
  (3) 수성, 금성, 지구, 화성, 목성, 토성, 천왕성, 해왕성

1 10억 명보다 많은 나라는 중국(14억 1230만 612명)과 인도(13억 4665만 3712명)입니다.
2 (1) 태양과 58000 km 떨어져 있는 수성이 거리가 가장 가깝습니다.
  (2) 태양과 45억 km 떨어져 있는 해왕성이 가장 멀리 떨어져 있습니다.
  (3) 태양에서 가장 가까운 수성부터 거리를 비교하여 정리하면 수성, 금성, 지구, 화성, 목성, 토성, 천왕성, 해왕성 순서가 됩니다.

개념 다시보기 **053쪽**

1

십만	만	천	백	십	일
	3	8	9	3	0
5	4	9	3	1	1

, <

2

백만	십만	만	천	백	십	일
6	7	9	0	0	0	0
	6	6	9	0	0	0

, >

3 <   4 >
5 >   6 <

도전해 보세요 **053쪽**

1 32415   2 7, 8, 9

1 1에서 5까지의 수를 한 번씩 사용하면 5자리 수가 됩니다. 3만보다 크고 4만보다 작으려면 만의 자리 수는 3이 됩니다. 일의 자리 수는 가장 큰 수인 5가 됩니다. 백의 자리 수는 남은 수 1, 2, 4 중에서 짝수인 2와 4가 될 수 있는데, 3□2□5, 3□4□5의 두 가지 경우로 생각해 봅니다.
3□2□5의 경우 천의 자리와 십의 자리에 1 또는 4가 올 수 있는데 천의 자리 수가 십의 자리 수의 2배가 된다는 조건에 맞지 않습니다. 따라서 3□4□5의 경우가 되고 천의 자리에는 2, 십의 자리에는 1이 오면 천의 자리 수가 십의 자리 수의 2배가 된다는 조건을 모두 만족하게 됩니다.
2 둘 다 9자리 수이므로 1356□5597>135665597이 되려면 □>6이어야 합니다. 따라서 □는 7, 8, 9가 될 수 있습니다.

8단계 각도의 합

◀ 배운 것을 기억해 볼까요? **054쪽**

1 (1) 71   (2) 90
2 90

1 130
2 100
3 70
4 115
5 135
6 135
7 150

1 65
2 170
3 115
4 155
5 177
6 230
7 195
8 <
9 195
10 223
11 125
12 >
13 162
14 180

선생님놀이

 110+67=177이므로 110°+67°=177°예요.

 125+37=162이므로 125°+37°=162°예요.

1 $70°+90°=160°$
2 $75°+55°=130°$
3 $45°+20°=65°$
4 $32°+90°=122°$
5 $63°+107°=170°$
6 $28°+44°=72°$
7 $105°+35°=140°$
8 $67°+34°=101°$

선생님놀이

 45+20=65이므로 45°+20°=65°예요.

 67+34=101이므로 67°+34°=101°예요.

1 식: $15°+45°=60°$ 답: 60
2 (1) 식: $42°+124°+42°=208°$ 답: 208
   (2) 식: $136°+65°+136°=337°$ 답: 337
   (3) 식: $50°+60°+50°=160°$ 답: 160
   (4) 말, 사람, 올빼미

1 처음 위치에서 왼쪽으로 15° 돌리고, 같은 방향으로 45° 더 돌렸으므로 15°+45°=60°입니다.
2 (1) 42°+124°+42°=208°입니다.
   (2) 136°+65°+136°=337°입니다.
   (3) 50°+60°+50°=160°입니다.
   (4) 337°>208°>160°이므로 말, 사람, 올빼미 순서로 넓은 각도로 볼 수 있습니다.

1 105
2 150
3 175
4 75
5 150
6 125
7 175

1 >
2 (1) 50°   (2) 65°

1 45°+110°=155°이고, 125°+20°=145°이므로 45°+110°>125°+20°입니다.
2 (1) 70-20=50이므로 70°-20°=50°입니다.
   (2) 110-45=65이므로 110°-45°=65°입니다.

9단계 각도의 차

1 (1) 25   (2) 54
2 (1) 95   (2) 85
3 (1) 105°   (2) 125°
4 (1) 140°   (2) 180°

1 70
2 40
3 60
4 85
5 60
6 110
7 40

개념 다지기 **068쪽**

1 85
2 65
3 27
4 3473만 또는 34730000
5 25
6 30
7 70
8 145

 선생님놀이

3 삼각형의 세 각의 크기의 합은 180°이므로 180° 에서 110°와 43°를 빼어 180°−110°−43°=27° 예요.

7 삼각형의 세 각의 크기의 합은 180°이므로 180° 에서 85°와 25°를 빼어 180°−85°−25°=70°예요.

개념 다지기 **069쪽**

1 ㉠=180°−20°−45° =115°
2 ㉠=180°−100°−35° =45°
3 ㉠=180°−115°−60° =5°
4 ㉠=180°−20°−85° =75°
5 ㉠=180°−115°−35° =30°
6 ㉠=180°−50°−75° =55°
7 110°+55°=165°
8 ㉠+㉡=180°−45° =135°
9 ㉠+㉡=180°−15° =165°
10 110°−55°=55°

선생님놀이

6 삼각형의 세 각의 크기의 합은 180°이므로 180° 에서 50°와 75°를 빼어 180°−50°−75°=55°가 돼요.

9 삼각형의 세 각의 크기의 합은 180°이므로 ㉠ +㉡은 180°에서 15°를 빼어 180°−15°=165°가 돼요.

개념 키우기 **070쪽**

1 180
2 (1) 3 (2) 540 (3) 4 (4) 720

1 모든 삼각형의 세 각의 크기의 합은 180°입니다.
2 (1)

오각형은 3개의 삼각형으로 나눌 수 있습니다.
(2) 오각형의 다섯 각의 크기의 합은 3개의 삼각형의 각의 크기의 합과 같습니다. 따라서 180°+180°+180°=540°입니다.
(3)

육각형은 4개의 삼각형으로 나눌 수 있습니다.
(4) 육각형의 여섯 각의 크기의 합은 4개의 삼각형의 각의 크기의 합과 같습니다. 육각형의 여섯 각의 크기의 합은 180°+180°+180° +180°=720°입니다.

개념 다시보기 **071쪽**

1 180
2 180
3 65
4 75
5 60
6 33

도전해 보세요 **071쪽**

1 =
2 131

1 삼각형의 세 각의 크기의 합은 모두 180°이므로 ㉠+㉡+㉢=㉣+㉤+㉥입니다.
2 삼각형의 한 각의 크기는 180°−66°−65°=49°입니다. 각 ㉠은 180°−49°=131°입니다.

 배운 것을 기억해 볼까요? **072**쪽

1
120°+45° · · 115°
80°+35° · · 165°

2
120°−45° · · 45°
80°−35° · · 75°

개념 익히기 **073**쪽

1 360
2 360
3 100, 360
4 90, 360
5 60, 60, 360
6 50, 70, 360
7 75, 80, 360
8 60, 45, 360

개념 다지기 **074**쪽

1 130
2 120
3 135
4 70
5 50
6 76
7 100
8 70

선생님놀이

 사각형의 네 각의 크기의 합은 360°이므로 360°−90°−80°−55°=135°예요.

 사각형의 네 각의 크기의 합은 360°이므로 360°−80°−65°−115°=100°예요.

개념 다지기 **075**쪽

1 ㉠=360°−120°−45°−40°
=155°

2 ㉠=360°−100°−35°−105°
=120°

3 ㉠=360°−45°−115°−60°
=140°

4 ㉠=360°−130°−20°−80°
=130°

5 ㉠=360°−115°−35°−80°
=130°

6 ㉠=360°−150°−50°−75°
=85°

7 150°−65°=85°

8 ㉠+㉡=360°−120°−80°
=160°

9 ㉠+㉡=360°−105°−135°
=120°

10 160°+90°=250°

선생님놀이

 사각형의 네 각의 크기의 합은 360°이므로 ㉠=360°−130°−20°−80°=130°가 돼요.

 사각형의 네 각의 크기의 합은 360°이므로 ㉠+㉡=360°−120°−80°=160°가 돼요.

개념 키우기 **076**쪽

1 360, 360
2 (1) 60 (2) 60 (3) 150

1 사각형의 네 각의 크기의 합은 사각형의 모양과 관계없이 모두 360°입니다. 따라서 방패연, 가오리연의 네 각의 크기의 합은 모두 360°입니다.

2 (1) 각 ㄱㄴㄷ=180°−30°−90°=60°입니다.
(2) 삼각형 ㅁㄹㄷ은 삼각형 ㄱㄴㄷ과 모양과 크기가 같으므로 각 ㅁㄹㄷ=60°입니다.
(3) 각 ㄹㅂㄴ=360°−60°−90°−60°=150°입니다.

개념 다시보기 **077**쪽

1 360
2 360
3 105
4 85
5 80
6 60

도전해 보세요 **077**쪽

1 ④
2 165

12단계 (세 자리 수)×(몇십)

배운 것을 기억해 볼까요? 078쪽

① (위에서부터) 426, 639

② 480, 660

개념 익히기 079쪽

① 2640 ② 8000
③ 6000 ④ 9000
⑤ 6600 ⑥ 4400
⑦ 3960 ⑧ 4260
⑨ 4840 ⑩ 6390
⑪ 8880

개념 다지기 080쪽

① 7500 ② 22400
③ 21500 ④ 19200
⑤ 34200 ⑥ 200
⑦ 17280 ⑧ 6540
⑨ 12390 ⑩ 36820
⑪ 428 ⑫ 16650

선생님놀이

 430×5=2150이고, 이것을 10배 하면 430×50=21500이에요.

⑩ 526×7=3682이고, 이것을 10배 하면 526×70=36820이에요.

개념 다지기 081쪽

①
```
    1 6 4
  ×   2 0
  3 2 8 0
```

②
```
      3 4 0
  ×     3 0
1 0 2 0 0
```

③
```
      2 7 0
  ×     4 0
1 0 8 0 0
```

④
```
    5 3 0
  ×     3
  1 5 9 0
```

⑤
```
      3 6 0
  ×     3 0
1 0 8 0 0
```

⑥
```
    2 1 6
  ×   4 0
  8 6 4 0
```

⑦
```
    1 5 7
  ×   5 0
  7 8 5 0
```

⑧
```
    4 2 8
  +   9 5
    5 2 3
```

⑨
```
      4 5 4
  ×     7 0
  3 1 7 8 0
```

⑩
```
      3 4 8
  ×     4 0
1 3 9 2 0
```

⑪
```
    2 5 6
  −   6 9
    1 8 7
```

⑫
```
    1 1 5
  ×   3 0
  3 4 5 0
```

선생님놀이

⑤ 360×3=1080이 되고 이것을 10배 하면 360×30=10800이에요.

⑩ 348×4=1392가 되고 이것을 10배 하면 348×40=13920이에요.

개념 키우기 082쪽

① 식: 320×30=9600 답: 9600

② 식: 234×20=4680 답: 4680

③ (1) 313×20 (2) 6260 (3) 6, 260

① 320×30=9600(g)입니다.

② 234×20=4680(명)입니다.

③ (1) 1분에 313 m를 달리는데, 20분 동안 달린 거리를 식으로 나타내면 313×20입니다.

(2) 313×20=6260(m)입니다.

(3) 1000 m=1 km이므로
  6260 m=6 km 260 m입니다.

개념 다시보기 **083쪽**

1 9000   2 8000   3 2600

4 9330   5 26000   6 14000

7 20070 8 8960   9 22290

도전해 보세요 **083쪽**

1 3, 2, 1, 4

2 (1) 7208   (2) 6783

1 가장 큰 곱셈식을 만드는 방법은 두 가지로 생각해 볼 수 있습니다. 첫 번째 방법은 곱하는 수를 가장 크게 하고 곱해지는 수를 두 번째로 크게 하는 방법이 있습니다. 321×40=12840이 됩니다. 두 번째 방법은 곱해지는 수를 가장 크게 하고 곱하는 수를 두 번째로 크게 하는 방법입니다. 421×30=12630이 됩니다. 따라서 곱이 가장 큰 곱셈식은 321×40이 됩니다.

2 (1) 212×34=7208입니다.
  (2) 323×21=6783입니다.

13단계 올림이 없는
(세 자리 수)×(두 자리 수)

배운 것을 기억해 볼까요? **084쪽**

1 (1) 693   (2) 844

2 (1) 2400   (2) 8640

개념 익히기 **085쪽**

1 3036

2 7488

3 330, 2, 330, 20; 7260

4 220, 3, 220, 40; 9460

5 121, 2, 121, 40; 5082

6 240, 1, 240, 20; 5040

7 323, 3, 323, 20; 7429

8 200, 4, 200, 30; 6800

개념 다지기 **086쪽**

1 9984   2 6603

3 4956   4 4466

5 4899   6 4800

7 9064   8 7659

9 5124   10 10230

11 6300   12 7360

선생님놀이

 213×31=213×30+213×1=6390+213=6603
이에요.

 333×23=333×20+333×3=6660+999=7659
예요.

개념 다지기 **087쪽**

1

	1	2	1
×		2	3
	3	6	3
2	4	2	
2	7	8	3

2

	2	1	0
×		4	3
	6	3	0
8	4	0	
9	0	3	0

3

	2	3	0
×		3	1
	2	3	0
6	9	0	
7	1	3	0

4

	2	2	3
×		3	3
	6	6	9
6	6	9	
7	3	5	9

5

	2	1	2
×		4	2
	4	2	4
8	4	8	
8	9	0	4

6

	3	2	3
×		2	3
	9	6	9
6	4	6	
7	4	2	9

7

	4	1	4
×		2	2
	8	2	8
8	2	8	
9	1	0	8

8

	4	0	3
×		2	1
	4	0	3
8	0	6	
8	4	6	3

9

	2	0	2
×		3	4
	8	0	8
6	0	6	
6	8	6	8

선생님놀이

 $212 \times 42 = 212 \times 40 + 212 \times 2 = 8480 + 424 = 8904$ 예요.

 $403 \times 21 = 403 \times 20 + 403 \times 1 = 8060 + 403 = 8463$ 이에요.

개념 키우기　　　　　　　　**088쪽**

1 식: $430 \times 22 = 9460$　　　답: 9460
2 식: $212 \times 31 = 6572$　　　답: 6572
3 (1) 식: $132 \times 31 = 4092$　　　답: 4092
　 (2) 식: $202 \times 31 = 6262$　　　답: 6262
　 (3) 10354

1 한 상자에 430자루씩 들어 있으므로 22상자에는 $430 \times 22 = 9460$(자루) 들어 있습니다.
2 우유를 하루에 212개를 마시므로 31일 동안 마신 우유는 $212 \times 31 = 6572$(개)입니다.
3 (1) $132 \times 31 = 4092$(원)입니다.
　 (2) $202 \times 31 = 6262$(원)입니다.
　 (3) $4092 + 6262 = 10354$(원)입니다.

개념 다시보기　　　　　　　　**089쪽**

1 3993　　　2 6720　　　3 9086
4 9984　　　5 6834　　　6 1488

도전해 보세요　　　　　　　　**089쪽**

1
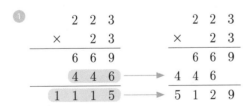

2

1 십의 자리를 곱한 값은 십의 자리에서부터 써야 합니다.
2 $423 \times 68 = 423 \times 60 + 423 \times 8 = 25380 + 3384 = 28764$

14단계　올림이 있는 (세 자리 수)×(두 자리 수)

배운 것을 기억해 볼까요?　　　　　　　　**090쪽**

1 16000, 32000　　　2 4686, 7062

개념 익히기　　　　　　　　**091쪽**

1 13090
2 47450
3 517, 6, 517, 30; 18612
4 490, 9, 490, 20; 14210
5 689, 8, 689, 50; 39962
6 709, 7, 709, 30; 26233
7 462, 8, 462, 50; 26796
8 326, 4, 326, 80; 27384

개념 다지기　　　　　　　　**092쪽**

1 19448　　　2 24660　　　3 31746
4 12558　　　5 10944　　　6 21600
7 80842　　　8 69350　　　9 28991
10 35904　　　11 36820　　　12 41472

선생님놀이

 $685 \times 36 = 685 \times 30 + 685 \times 6 = 20550 + 4110 = 24660$ 이에요.

 $730 \times 95 = 730 \times 90 + 730 \times 5 = 65700 + 3650 = 69350$ 이에요.

①
```
          2 7 6
   ×        5 8
      2 2 0 8
    1 3 8 0
    1 6 0 0 8
```

②
```
          4 0 3
   ×        2 7
      2 8 2 1
      8 0 6
    1 0 8 8 1
```

③
```
          3 5 0
   ×        4 9
      3 1 5 0
    1 4 0 0
    1 7 1 5 0
```

④
```
          4 5 5
   ×        6 3
      1 3 6 5
    2 7 3 0
    2 8 6 6 5
```

⑤
```
          2 6 8
   ×        7 6
      1 6 0 8
    1 8 7 6
    2 0 3 6 8
```

⑥
```
          9 1 0
   ×        3 0
    2 7 3 0 0
```

⑦
```
          6 0 5
   ×        9 2
      1 2 1 0
    5 4 4 5
    5 5 6 6 0
```

⑧
```
          5 3 4
   ×        8 4
      2 1 3 6
    4 2 7 2
    4 4 8 5 6
```

⑨
```
          7 4 6
   ×        3 7
      5 2 2 2
    2 2 3 8
    2 7 6 0 2
```

선생님놀이

 350×49=350×40+350×9=14000+3150=17150
이에요.

 605×92=605×90+605×2=54450+1210=55660
이에요.

① 식: 365×25=9125   답: 9125
② (1) 식: 129×31=3999   답: 3999
   (2) 식: 43×31=1333   답: 1333
   (3) 식: 3999+1333=5332   답: 5332

① 365×25=9125(분)입니다.
② (1) 129×31=3999(g)입니다.
   (2) 43×31=1333(g)입니다.
   (3) 3999+1333=5332(g)입니다.

① 11592
② 28350
③ 18016
④ 18495
⑤ 19224
⑥ 49970

① 1, 5, 5, 7
②
```
          5 6 0 0
   ×          2 4
      2 2 4 0 0
    1 1 2 0 0
    1 3 4 4 0 0
```

①
```
          5 1 3
   ×        3 5
      2 5 6 5
    1 5 3 9
    1 7 9 5 5
```

(세 자리 수)×(두 자리 수)의 계산에서 일의 자
리끼리의 곱이 3×□=△5가 되려면 □는 5가
되어야 합니다. △=1이 됩니다. □×5+1=6이
되려면 □는 1이 되어야 합니다. 513×35를 계
산하면 자연스럽게 빈칸을 모두 채울 수 있습
니다.

15단계 나머지가 없는 (세 자리 수)÷(몇십)

배운 것을 기억해 볼까요? — 096쪽

1 (1) 5　(2) 6　　2 (1) 30　(2) 14

개념 익히기 — 097쪽

1 7　　　2 7　　　3 8; 8
4 6; 6　　5 6; 6　　6 7; 7
7 7; 7　　8 6; 6

개념 다지기 — 098쪽

1 2　　　2 6　　　3 6
4 9　　　5 60　　　6 186
7 3　　　8 5　　　9 4
10 60　　11 4　　　12 5

선생님놀이

4 270÷30은 27÷3의 몫과 같아요. 따라서 270÷
30=9예요.

8 200÷40은 20÷4의 몫과 같아요. 따라서 200÷
40=5예요.

개념 다지기 — 099쪽

1
```
        8
7 0)5 6 0
    5 6 0
        0
```

2
```
        8
6 0)4 8 0
    4 8 0
        0
```

3
```
        7
9 0)6 3 0
    6 3 0
        0
```

4
```
        3
8 0)2 4 0
    2 4 0
        0
```

5
```
        8
4 0)3 2 0
    3 2 0
        0
```

6
```
        9 0
3)2 7 0
  2 7 0
      0
```

7
```
        7
8 0)5 6 0
    5 6 0
        0
```

8
```
        9
2 0)1 8 0
    1 8 0
        0
```

선생님놀이

3 630÷90은 63÷9의 몫과 같아요. 따라서 630÷
90=7이에요.

5 320÷40은 32÷4의 몫과 같아요. 따라서 320÷
40=8이에요.

개념 키우기 — 100쪽

1 식: 120÷30=4　　　답: 4
2 식: 180÷20=9　　　답: 9
3 (1) 식: 320÷40=8　　답: 8
　 (2) 식: 400÷50=8　　답: 8
　 (3) 16

1 연결큐브 120개를 30명이 나눠 사용하면 120÷
30=4(개)씩 사용할 수 있습니다.
2 색연필 180자루를 20자루씩 포장하면 180÷
20=9(상자) 포장할 수 있습니다.
3 (1) 320÷40=8(줄)입니다.
　 (2) 400÷50=8(줄)입니다.
　 (3) 8+8=16(줄)입니다.

개념 다시보기 — 101쪽

1 4　　　2 4　　　3 9
4 8　　　5 7　　　6 6

도전해 보세요 — 101쪽

1 360÷90

2
```
        5
3 0)1 5 2
    1 5 0
        2
```
몫: 5　나머지: 2

❶ 640÷80=8, 480÷60=8, 240÷30=8로 몫이 서로 같은데, 360÷90=4로 몫이 다릅니다.

❷ 152에 30이 5번 들어가고 2가 남으므로 152÷30=5…2입니다.

16단계 나머지가 있는 (세 자리 수)÷(몇십)

◀ 배운 것을 기억해 볼까요? **102쪽**

❶ (1) 16 (2) 15   ❷ (1) 8, 3 (2) 5, 5

(개념 익히기) **103쪽**

❶ 8, 8   ❷ 4, 7
❸ 7, 2; 7   ❹ 7, 9; 7
❺ 6, 15; 6   ❻ 9, 10; 9
❼ 8, 28; 8   ❽ 6, 1; 6

(개념 다지기) **104쪽**

❶ 7…2   ❷ 7…11   ❸ 7…12
❹ 9…58   ❺ 6…36   ❻ 9…65
❼ 90…2   ❽ 6…21   ❾ 8…25
❿ 60…3   ⓫ 7…17   ⓬ 9…72

선생님놀이

🐰 361에 50이 7번 들어가고 11이 남으므로 361÷50=7…11이에요.

🐰 792에 80이 9번 들어가고 72가 남으므로 792÷80=9…72예요.

(개념 다지기) **105쪽**

❶
				4
4	0)	1	6	4
		1	6	0
				4

확인 40×4=160
160+4=164

---

❷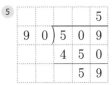

확인 60×8=480
480+7=487

❸
				6
7	0)	4	3	0
		4	2	0
			1	0

확인 70×6=420
420+10=430

❹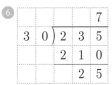

확인 20×9=180
180+14=194

❺
				5
9	0)	5	0	9
		4	5	0
			5	9

확인 90×5=450
450+59=509

❻

확인 30×7=210
210+25=235

선생님놀이

🐰 194에 20이 9번 들어가고 14가 남으므로 194÷20=9…14예요. 20×9=180, 180+14=194이므로 계산이 맞아요.

🐰 235에 30이 7번 들어가고 25가 남으므로 235÷30=7…25예요. 30×7=210, 210+25=235이므로 계산이 맞아요.

(개념 키우기) **106쪽**

❶ 7
❷ 5, 30
❸ (1) 8, 10 (2) 64000 (3) 5000 (4) 69000

1. 252÷40=6…12이므로 7일 만에 모두 읽을 수 있습니다.
2. 280÷50=5…30이므로 5통에 담고, 30 L가 남습니다.
3. (1) 250÷30=8…10이므로 초콜릿은 모두 8상자이고, 10개가 남습니다.
   (2) 초콜릿 한 상자의 가격은 8000원이므로 8000×8=64000(원)입니다.
   (3) 낱개 한 개의 가격은 500원이므로 500×10=5000(원)입니다.
   (4) 초콜릿 가게의 수입은 64000+5000=69000(원)입니다.

개념 다시보기 **107쪽**

1. 7…5
2. 6…3
3. 6…12
4. 6…11
5. 5…12
6. 9…10

도전해 보세요 **107쪽**

1. 157÷70

2.
```
          4
2  3 ) 9  2
       9  2
          0
```

1. 147÷20=7…7, 167÷80=2…7, 157÷50=3…7로 나머지가 서로 같은데, 157÷70=2…17로 나머지가 다릅니다.

배운 것을 기억해 볼까요? **108쪽**

1. (1) 350 (2) 150
2. (1) 6 (2) 3

개념 익히기 **109쪽**

1. 4
2. 5
3. 4; 4
4. 7; 7
5. 4; 4
6. 3; 3
7. 3; 3
8. 3; 3

개념 다지기 **110쪽**

1. 6
2. 8
3. 9
4. 3
5. 8
6. 7
7. 6
8. 7…14
9. 5
10. 6…24
11. 8
12. 9

선생님놀이

 272에 34가 8번 들어가면 나머지가 0이므로 272÷34=8이에요.

 174에 29가 6번 들어가면 나머지가 0이므로 174÷29=6이에요.

개념 다지기 **111쪽**

1.
```
            6
2  6 ) 1  5  6
       1  5  6
             0
```

2.
```
            5
3  8 ) 1  9  0
       1  9  0
             0
```

3.
```
            4
1  9 ) 7  6
       7  6
          0
```

4.
```
            7
2  5 ) 1  7  5
       1  7  5
             0
```

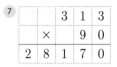

⑤
```
        3
 2 4 ) 7 2
       7 2
         0
```

⑥
```
          9
 5 6 ) 5 0 4
       5 0 4
           0
```

⑦
```
      3 1 3
  ×     9 0
  2 8 1 7 0
```

⑧
```
            4
 6 3 ) 2 5 2
       2 5 2
           0
```

선생님놀이

 175에 25가 7번 들어가면 나머지가 0이므로 175÷25=7이에요.

 72에 24가 3번 들어가면 나머지가 0이므로 72÷24=3이에요.

개념 키우기　　　　　　　　　112쪽

① 식: 200÷25=8　　답: 8
② 식: 108÷12=9　　답: 9
③ (1) 9　(2) 10　(3) 20

① 도화지 200장을 25명이 나누어 사용하면 200÷25=8이므로 8장씩 사용할 수 있습니다.
② 사탕 108개를 12개씩 포장하면 108÷12=9이므로 9봉지가 됩니다.
③ (1) 135÷15=9이므로 산책로 한쪽의 나무와 나무 사이의 간격 수는 9개입니다.
　 (2) 산책로의 처음부터 시작해서 끝까지 나무를 심게 되므로 산책로의 한쪽에는 9+1=10(그루)의 나무를 심게 됩니다.
　 (3) 산책로의 양쪽에 필요한 나무는 10+10=20(그루)입니다.

개념 다시보기　　　　　　　　113쪽

① 5　　　② 8　　　③ 6
④ 3　　　⑤ 9　　　⑥ 5

도전해 보세요　　　　　　　　113쪽

① 6, 7
②
```
              7
 3 8 ) 3 0 1
       2 6 6
         3 5
```

① (세 자리 수)÷(두 자리 수)의 나눗셈에서 나누어지는 수가 21□인 수를 두 자리 수로 나눌 때 몫이 8이 되려면 나누는 수는 어림하여 30보다 작고 25보다는 커야 합니다. 따라서 25×8(=200)＜21□＜30×8(=240)입니다.
나누는 수에 26부터 29까지 차례로 수를 넣어보면 나눗셈식은 216÷27=8이 됩니다.

18단계 나머지가 있고 몫이 한 자리 수인 몇십몇으로 나누기

배운 것을 기억해 볼까요?　　　　114쪽

① (1) 51, 1　(2) 48, 1
② (1) 7…25　(2) 8…45

개념 익히기　　　　　　　　　115쪽

① 7, 10　　　　　② 5, 4
③ 4, 8; 4　　　　④ 3, 6; 3
⑤ 5, 7; 5　　　　⑥ 2, 22; 2
⑦ 2, 4; 2　　　　⑧ 3, 8; 3

개념 다지기　　　　　　　　　116쪽

① 8…11　　　　　② 9…3
③ 5…3　　　　　④ 8…8
⑤ 4…13　　　　　⑥ 7…25
⑦ 4…16　　　　　⑧ 6…35
⑨ 6600　　　　　⑩ 5…0
⑪ 6…21　　　　　⑫ 9…15

112에 13이 8번 들어가고 8이 남으므로 112÷13=8…8이에요.

 279에 43이 6번 들어가고 21이 남으므로 279÷43=6…21이에요.

 347에 52가 6번 들어가고 35가 남게 되므로 347÷52=6…35예요. 52×6=312, 312+35=347이므로 계산이 맞아요.

 389에 42가 9번 들어가고 11이 남게 되므로 389÷42=9…11이에요. 42×9=378, 378+11=389이므로 계산이 맞아요.

개념 다지기 **117쪽**

①
```
          8
2 6 ) 2 2 0
      2 0 8
        1 2
```
확인 26×8=208
208+12=220

②
```
          6
5 2 ) 3 4 7
      3 1 2
        3 5
```
확인 52×6=312
312+35=347

③
```
          7
2 1 ) 1 6 3
      1 4 7
        1 6
```
확인 21×7=147
147+16=163

④
```
    3 4 5
  ×     2 5
  1 7 2 5
  6 9 0
  8 6 2 5
```

⑤
```
          9
4 2 ) 3 8 9
      3 7 8
        1 1
```
확인 42×9=378
378+11=389

⑥
```
          8
8 3 ) 7 4 4
      6 6 4
        8 0
```
확인 83×8=664
664+80=744

개념 키우기 **118쪽**

① 4, 14
② 식: 125÷15=8…5   답: 5
③ (1) 296   (2) 6, 26   (3) 7

① 110÷24=4…14이므로 4개가 되고, 14 m가 남습니다.
② 125÷15=8…5이므로 짝을 만들지 못하는 학생은 5명입니다.
③ (1) 284+12=296(명)입니다.
   (2) 296÷45=6…26이므로 6대의 버스에 나누어 타고, 26명이 남게 됩니다.
   (3) 남은 26명도 모두 버스를 타야 하므로 버스는 7대가 필요합니다.

개념 다시보기 **119쪽**

① 7…5
② 2…13
③ 8…4
④ 6…22
⑤ 6…24
⑥ 7…33

도전해 보세요 **119쪽**

① 339
②
```
            1 7
1 8 ) 3 0 6
      1 8
      1 2 6
      1 2 6
            0
```

① 어떤 수를 34로 나누었을 때 몫이 가장 큰 한 자리 수는 9가 되고, 가장 큰 나머지는 33이 됩니다. 나눗셈식으로 써 보면 □÷34=9…33입니다. 이를 곱셈으로 확인해 보면 □를 구할 수 있습니다. 34×9=306, 306+33=339
따라서 어떤 수는 339입니다.

19단계 나머지가 없고 몫이 두 자리 수인
(세 자리 수)÷(두 자리 수)

◀ 배운 것을 기억해 볼까요?　　　　**120쪽**

1 (1) 7　(2) 7
2 (1) 3　(2) 6

개념 익히기　　　　**121쪽**

① 11; 10, 1　　　② 15; 10, 5
③ 19; 10, 9　　　④ 27; 20, 7
⑤ 27; 20; 7　　　⑥ 29; 20; 9

개념 다지기　　　　**122쪽**

① 26　　　② 25　　　③ 29
④ 29　　　⑤ 22　　　⑥ 7
⑦ 588　　⑧ 14　　　⑨ 13

선생님놀이

 475를 19로 나눌 때, 47에 19가 2번 들어가므로 몫의 십의 자리는 2가 되고, 뺄셈한 결과 95에 19가 5번 들어가고 나누어떨어져요. 따라서 475÷19=25예요.

814를 37로 나눌 때, 81에 37이 2번 들어가므로 몫의 십의 자리는 2가 되고, 뺄셈한 결과 74에 37이 2번 들어가고 나누어떨어져요. 따라서 814÷37=22예요.

개념 다지기　　　　**123쪽**

①
```
      2 1
19) 3 9 9
    3 8
      1 9
      1 9
        0
```
확인 19×21=399

②
```
      3 6
17) 6 1 2
    5 1
    1 0 2
    1 0 2
        0
```
확인 17×36=612

③
```
      2 6
26) 6 7 6
    5 2
    1 5 6
    1 5 6
        0
```
확인 26×26=676

④
```
      1 9
24) 4 5 6
    2 4
    2 1 6
    2 1 6
        0
```
확인 24×19=456

⑤
```
      5 0
13) 6 5 0
    6 5 0
        0
```
확인 13×50=650

⑥
```
      4 0
15) 6 0 0
    6 0 0
        0
```
확인 15×40=600

선생님놀이

 676을 26으로 나눌 때, 67에 26이 2번 들어가므로 몫의 십의 자리는 2가 되고, 뺄셈한 결과 156에 26이 6번 들어가고 나누어떨어져요. 따라서 676÷26=26이에요.

600을 15로 나눌 때, 60에 15가 4번 들어가고 나누어떨어져요. 몫의 십의 자리는 4가 되고, 일의 자리는 0이 돼요. 따라서 600÷15=40이에요.

개념 키우기　　　　**124쪽**

① 식: 288÷12=24　　　답: 24
② 식: 910÷26=35　　　답: 35
③ (1) 식: 24×5=120　　　답: 120
　　(2) 식: 984÷24=41　　　답: 41
　　(3) 식: 500×41=20500　　답: 20500

① 288÷12=24이니까 288명은 모두 24대의 케이블카에 나누어 타야 합니다.

② 910÷26=35이니까 학생 한 명이 사용할 수 있는 찰흙은 35 g입니다.

③ (1) 24×5=120이므로 바늘 다섯 쌈은 120개입니다.

　(2) 984÷24=41이니까 한 쌈씩 포장하면 41쌈이 됩니다.

　(3) 바늘 한 쌈을 팔면 500원을 벌 수 있으므로 500×41=20500(원)을 벌 수 있습니다.

 개념 다시보기　　　　　　　　　　125쪽

1 24　　　　2 18　　　　3 26

4 24　　　　5 27　　　　6 18

도전해 보세요　　　　　　　　　　125쪽

❶
```
            2              →        2 0
  22) 4 4 0            22) 4 4 0
      4 4 0                  4 4 0
      ─────                  ─────
          0                      0
```

❷ 몫: 19 나머지: 11

❶ 440을 22로 나눌 때, 44에 22가 2번 들어가고 나누어떨어지게 됩니다. 몫의 십의 자리는 2가 되고, 일의 자리는 0이 됩니다. 따라서 440÷22=20입니다.

❷
```
            1 9
  2 4 ) 4 6 7
        2 4
        ─────
        2 2 7
        2 1 6
        ─────
            1 1
```

따라서 몫은 19, 나머지는 11이 됩니다.

20단계　나머지가 있고 몫이 두 자리 수인
(세 자리 수)÷(두 자리 수)

▶ 배운 것을 기억해 볼까요?　　　　126쪽

1 (1) 7, 20　(2) 7, 30

2 (1) 4, 5　(2) 7, 13

개념 익히기　　　　　　　　　　127쪽

1 16, 1; 10, 6　　　2 15, 7; 10, 5

3 12, 3; 10, 2　　　4 17, 20; 10, 7

5 11, 22; 10, 1　　　6 17, 27; 10, 7

개념 다지기　　　　　　　　　　128쪽

1 22…17　　　　2 35…10

3 13…19　　　　4 13…39

5 31…11　　　　6 9…4

7 12…16　　　　8 24938

9 11…43

선생님놀이

🐰 413을 18로 나눌 때, 41에 18이 2번 들어가므로 몫의 십의 자리는 2가 되고, 뺄셈한 결과 53에 18이 2번 들어가고 17이 남아요. 따라서 413÷18=22…17이에요.

🐰 508을 41로 나눌 때, 50에 41이 1번 들어가므로 몫의 십의 자리는 1이 되고, 뺄셈한 결과 98에 41이 2번 들어가고 16이 남아요. 따라서 508÷41=12…16이에요.

개념 다지기　　　　　　　　　　129쪽

1
```
            1 6
  2 7 ) 4 3 4
        2 7
        ─────
        1 6 4
        1 6 2
        ─────
            2
```
확인　27×16=432
　　　432+2=434

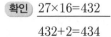

❷

확인 15×25=375
375+14=389

❸

확인 49×15=735
735+33=768

❹

확인 12×51=612
612+7=619

선생님놀이

❷ 389을 15로 나눌 때 38에 15가 2번 들어가므로 몫의 십의 자리는 2가 되고, 뺄셈한 결과 89에 15가 5번 들어가고 14가 남아요. 따라서 389÷15=25…14예요. 15×25=375, 375+14=389이므로 계산이 맞아요.

❸ 768을 49로 나눌 때 76에 49가 1번 들어가므로 몫의 십의 자리는 1이 되고, 뺄셈한 결과 278에 49가 5번 들어가고 33이 남아요. 따라서 768÷49=15…33이에요. 49×15=735, 735+33=768이므로 계산이 맞아요.

개념 키우기   **130쪽**

❶ 13, 46
❷ (1) 식: 280+120+280=680   답: 680
   (2) 11, 20
   (3) 식: 오전 9시 30분+11시간 20분=오후 8시 50분
        답: 오후 8시 50분

❶ 8 m는 800 cm와 같습니다. 800÷58=13…46이므로 13개를 포장하고 46 cm가 남습니다.
❷ (1) 280+120+280=680이므로 680분이 걸립니다.
   (2) 1시간은 60분과 같습니다. 680÷60=11…20이므로 680분은 11시간 20분으로 나타낼 수 있습니다.
   (3) 서울시청을 출발할 때의 시각인 오전 9시 30분에 총 걸린 시간 11시간 20분을 더하면 20시 50분이 됩니다. 다시 돌아온 시각은 오후 8시 50분입니다.

개념 다시보기   **131쪽**

❶ 47…8   ❷ 29…5
❸ 23…2   ❹ 37…8
❺ 22…20   ❻ 13…24

도전해 보세요   **131쪽**

❶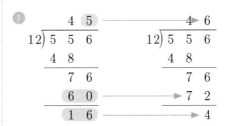

❷ 몫: 43 나머지: 19

❶ 556을 12로 나눌 때, 나머지는 나누는 수 12보다 작아야 하는데, 나머지 16이 12보다 크므로 몫을 1 크게 하여 나눌 수 있습니다.
❷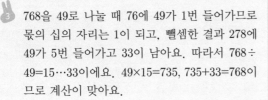

따라서 몫은 43, 나머지는 19가 됩니다.

MEMO

연산의 발견 7권

지은이 | 전국수학교사모임 개념연산팀

초판 1쇄 발행일 2020년 3월 13일
초판 2쇄 발행일 2022년 1월 21일
개정판 1쇄 발행일 2024년 1월 12일

발행인 | 한상준
편집 | 김민정·강탁준·손지원·최정휴·허영범
삽화 | 조경규
디자인 | 김경희·김성인·김미숙·정은예
마케팅 | 이상민·주영상
관리 | 양은진

발행처 | 비아에듀(ViaEdu Publisher)
출판등록 | 제313-2007-218호(2007년 11월 2일)
주소 | 서울시 마포구 연남동 월드컵북로6길 97(연남동 567-40) 2층
전화 | 02-334-6123 전자우편 | crm@viabook.kr
홈페이지 | viabook.kr

ⓒ 전국수학교사모임 개념연산팀, 2020
ISBN 979-11-92904-54-2 64410
ISBN 979-11-92904-49-8 (4학년 세트)